数字资源列表

序号	二维码名称	资源类型	页码
1	星历预报与作业调度	微课	14
2	GNSS 外业数据采集（1）	微课	19
3	GNSS 外业数据采集（2）	微课	20
4	GNSS 数据格式	微课	27
5	LGO 基线解算	微课	30
6	TBC 坐标系统建立	微课	34
7	TBC 数据导入	微课	36
8	TBC 基线处理	微课	36
9	LGO 网平差	微课	39
10	LGO 坐标转换	微课	39
11	TBC 环闭合差	微课	42
12	TBC 自由网平差	微课	42
13	TBC 约束网平差	微课	42
14	GNSS-RTK 点测量	微课	47
15	GNSS-RTK 点放样	微课	55
16	GNSS-RTK 线放样	微课	58
17	GNSS-RTK 线路中边桩放样	微课	62
18	GNSS-RTK 数字测图	微课	67
19	GNSS-RTK 施工放样	微课	68
20	《GNSS 测量技术与应用实训》相关规范	PDF	76
21	《GNSS 测量技术与应用实训》仪器说明书	PDF	76

前言 preface

GNSS 测量技术是现代测量技术“3S”技术之一，具有无须通视、灵活性强、精度高、自动化程度高、测量范围广、操作简单等特点。随着北斗及其他 GNSS 定位系统的不断完善，目前 GNSS 技术已经广泛应用于我国地方经济建设和社会可持续发展中。高职高专院校测绘地理信息类、土建类专业学生都需要具备 GNSS 测量技术应用的能力，但是相关的实训教材种类有限，为此，我们编写了这本适合高职层次的《GNSS 测量技术与应用实训》教材。

本教材按照任务驱动，合理选用教学内容，按照实际工程应用内容设置实训任务，有利于学生动手能力培养，能满足高职高专院校工程测量技术、铁道工程技术、高速铁道工程技术、道路桥梁工程技术等专业的教学使用，同时也能满足企业技术人员培训使用。

本教材共包括 14 个实习任务，由陕西铁路工程职业技术学院田倩主编，张福荣教授主审。

自 2017 年 5 月出版发行《GPS 测量技术与应用实训》教材以来，已被多所高职院校作为实训教材选用。近几年卫星定位技术蓬勃发展，综合的 GNSS 代替的单一的 GPS，因此结合技术发展变化，及时更新知识，编者对本教材在此版做了修订和补充。

本教材参考了大量相关专业文献（包括纸质版和电子版），并引用了部分内容，编者在此对相关文献作者表示感谢！

由于编者水平所限，书中定有疏漏及不足之处，敬请读者批评指正。

编　者

2022 年 5 月

高等职业技术教育精品教材——工程测量技术类

GNSS 测量技术与应用实训

主　编　田　倩
主　审　张福荣

西南交通大学出版社
·成　都·

图书在版编目（CIP）数据

GNSS 测量技术与应用实训 / 田倩主编. —成都：西南交通大学出版社，2022.7（2025.1 重印）
ISBN 978-7-5643-8708-2

Ⅰ. ①G… Ⅱ. ①田… Ⅲ. ①卫星导航—全球定位系统－高等职业教育－教材 Ⅳ. ①P228.4

中国版本图书馆 CIP 数据核字（2022）第 095128 号

GNSS Celiang Jishu yu Yingyong Shixun

GNSS 测量技术与应用实训

主编　田　倩

责任编辑	王　旻
封面设计	曹天擎
出版发行	西南交通大学出版社 （四川省成都市金牛区二环路北一段 111 号 西南交通大学创新大厦 21 楼）
发行部电话	028-87600564　028-87600533
邮政编码	610031
网　　址	http://www.xnjdcbs.com
印　　刷	成都勤德印务有限公司
成品尺寸	185 mm×260 mm
印　　张	5.25
字　　数	125 千
版　　次	2022 年 7 月第 1 版
印　　次	2025 年 1 月第 2 次
书　　号	ISBN 978-7-5643-8708-2
定　　价	26.00 元

课件咨询电话：028-81435775

目录 contents

任务一　实训须知

“GNSS 测量技术与应用”课程按照项目导向、任务驱动的教学模式组织教学，坚持理论与实践相结合，只有在坚持课堂学习的基础上，积极参与实习任务和综合实训项目，牢固掌握仪器操作步骤、软件使用方法，才能更好地将 GNSS 测量技术应用到具体工作中去，并培养分析及解决实际 GNSS 测量问题的能力以及严谨的工作态度和团结协作精神。

GNSS 测量实习实训的目的是使学生在实践中进一步认识，根据卫星定位技术的特点进行测量的过程，了解它和常规技术的不同点和相同点，增强学生的动手能力，培养分析问题、解决问题的能力。

一、基本要求

（1）课内实习前，应阅读教材中有关内容和预习指导书中相应实习任务，了解实习的内容、目的、方法和注意事项。

（2）每次实习应按实习指导书以及测量规范的有关精度要求进行测量与计算，不满足精度要求的应返工。

（3）实习观测数据与计算应在规定记录手簿中记载，不得伪造、涂改或转抄。

（4）在实习实训中认真地观看学习指导老师进行的示范操作，使用仪器时严格按操作规程进行。

（5）实习过程中应遵守实习纪律及有关规定，确保仪器和人身安全，若有违反实习纪律和规定者，指导教师应严肃处理。

（6）GNSS 测量实习实训以组为单位开展，每组应注意团结协作，密切配合，相互帮助，确保实习实训任务顺利完成。

二、仪器借领及使用规则

正确使用、精心爱护和科学保养仪器，是测量人员必须具备的素质，也是保证测量成果的质量、提高工作效率的必要条件。在使用 GNSS 测量仪器时应养成良好的工作习惯，严格遵守下列规则。

（1）仪器的借领。以每班为单位课前向仪器室借领仪器，借领时班委先签字登记，然后按类型领出，清点无误后将仪器带至实训场。

（2）仪器的携带。携带仪器前，务必检查仪器箱是否扣紧，拉手和背带是否牢固，螺旋是否拧紧。

（3）仪器的安置。安置仪器时首先确保三脚架必须稳固可靠，从仪器箱提取仪器时，应先观察一下仪器是如何放置的，便于装箱时正确放置仪器，然后用双手握住仪器机身，放到三脚架或对中杆上，接着一手握住仪器，一手拧连接螺旋，直至拧紧。仪器取出后，关闭仪器箱。

（4）仪器的使用。在作业期间不得擅自离开测站，并应防止仪器受震动和被移动，防止人和其他物体靠近天线，遮挡卫星信号。雷雨过境时应关机待测，并卸下天线以防雷击，雨天尽量避免使用仪器。使用数据线时，严禁猛力插拔，避免损坏数据线。

任务二　GNSS 接收机的认识与单点定位

一、实习目的

（1）了解 GNSS 接收机的构造。
（2）熟悉接收机各部件的名称、功能和作用。
（3）掌握 GNSS 系统配置、设备连接及观测的基本方法。
（4）认识 GNSS 单点定位的操作过程，并会分析单点定位的结果。

二、实习内容

在教师指导下，认识 GNSS 接收机的外观、基本构成、操作方法；学会用 GNSS 接收设备采集数据，并以小组为单位进行单点定位。

三、实习场所及学时

场所：单项测量技能训练场。
学时：2 学时。

四、实习分组及仪器

全班分为 12 个学习小组，配备南方 S82V 型 GNSS 接收机 1 套（含接收机 1 台、电池 1 块、三脚架 1 个、钢卷尺 1 把），自备铅笔。

五、实习方法及步骤

1. 安置仪器

在选好的观测点上安置三脚架。小心打开仪器箱，取出基座及对中器，将其安放在脚架上，在测点上对中、整平基座。从仪器箱中取出接收机，将其安放在对中器上，并将中心螺旋锁紧。

2. 南方灵锐 S82V 型 GNSS 接收机基本认知

S82V 是一款集支持多卫星系统、高定位精度、兼容性好、低功耗等多种优点于一身的 GNSS 接收机，可以同时接受 GPS、Glonass 卫星信号，观测时不须要点间通视，在任何情况下均可进行操作，是集成的一体化接收机，接收机、天线及存储器密封于一体，质量轻，操作简单，坚固耐用。

3. 接收机结构及部件的认识

（1）主机外观认识。接收机主机呈扁圆柱形，主机前侧为按键和指示灯面板，仪器底部内嵌有电台模块和电池仓部分。移动站在这部分装有内置接收电台和 GPRS/CDMA 模块；基准站为外接发射电台和 GPRS/CDMA 模块。

（2）接口认识。主机电台接口用来连接主机外置发射电台，为五针接口；数据接口用来连接电脑传输数据或者用手簿连接主机时使用，为七针接口；接收天线接口用来连接棒状小天线，是移动站连接需要的。

（3）电池安装。灵锐 S82V 型 GNSS 接收机的电池安放在仪器底部，安装、取出电池的时候翻转仪器，找到电池仓，将电池仓按键按紧即可将电池盖打开，安装或取出电池。

（4）指示灯和仪器设置。观察图 2.1，认识各接收机面板各指示灯的名称及作用， 主机面板的含义如图 2.1 所示，指示灯名称如图 2.2 所示。

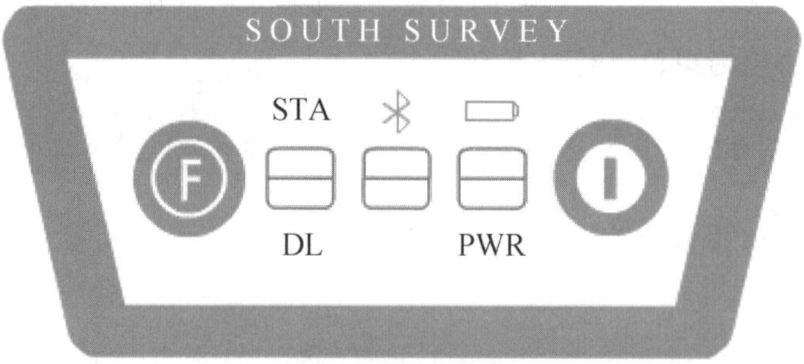

工作模式	移动站	基准站	静态	红灯
通讯方式	内置电台	GPRS	外置电台	绿灯

图 2.1　南方灵锐 S82V 型 GNSS 接收机操作面板

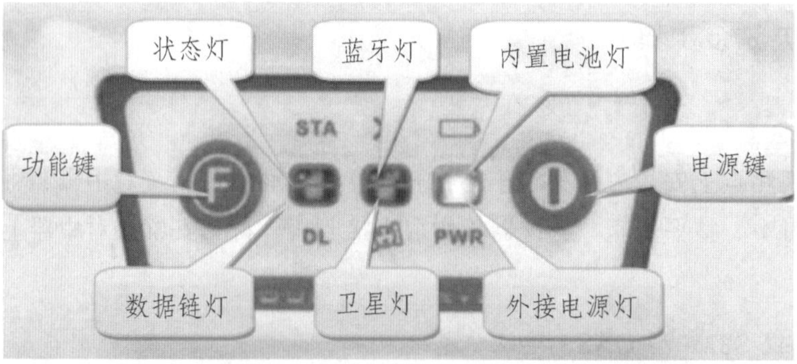

图 2.2　南方灵锐 S82V 型 GNSS 接收机指示灯

4. 量取天线高

用钢卷尺由地面中心位置量至防护圈的斜距。

5. 启动仪器

按电源 I 键 1 s 启动仪器(即指示灯亮后松手),按电源键响 3 声关机(即灯全灭后松手),内置电池灯常亮说明电量充足，闪烁说明电量不足，几秒钟后，屏幕显示卫星状态，卫星灯间隔 5 s 开始连续闪烁，连续闪烁的次数表示锁定卫星的颗数，当出现 4 颗以上的卫星被锁定后，可以进行静态测量；设置静态工作模式，就可以进行数据采集。

6. 设置工作模式

在关机状态下，同时按着 I 键和 F 键开机，等 6 个灯同时闪烁时松手，再按 F 键进行切换。切换至右边的红灯亮即可（见图 2.3），再按电源键确认保存。

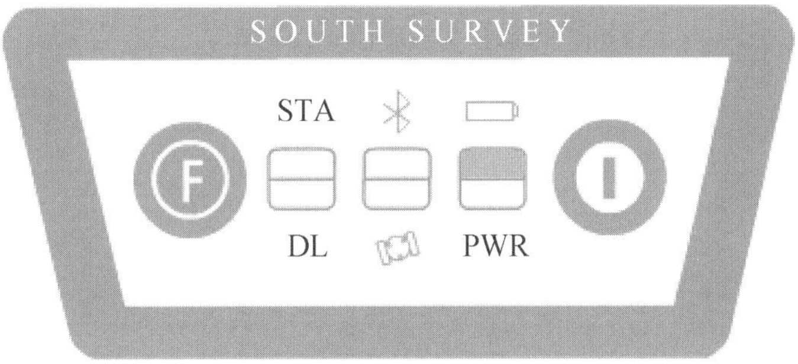

图 2.3　静态工作模式

7. GNSS 静态观测

静态模式下观测 30 ~ 40 min，按照要求填写记录表，观测中和观测结束后各丈量一次天线高。

8. 结束观测

按结束键结束该测段观测，长按电源键关机，把仪器从三脚架上取下，装箱。

六、注意事项

（1）选点时应避开树阴、建（构）筑物等，应避开强电磁场的干扰，如远离信号塔、高压线等。

（2）不应在电量不足的情况下长时间工作，否则数据的质量会受到影响。

（3）搬运仪器时，要十分小心。开箱前轻轻放好箱子，让仪器箱的箱盖朝上，打开箱子的锁扣，然后小心取出仪器并关闭仪器箱。

（4）接收机应放在干燥、安全的地方，避免受潮及碰撞。

七、提交资料

实习报告 1 份。

八、思考题

1. 卫星定位系统一般由哪几部分组成？GNSS 接收机属于哪一部分？

2. 根据用途不同，GNSS 接收机可分为哪几种类型？

实 习 报 告

日期＿＿＿＿＿班级＿＿＿＿＿组别＿＿＿＿＿姓名＿＿＿＿＿学号＿＿＿＿＿

<table>
<tr><td colspan="2">实习任务</td><td></td><td>成绩</td><td></td></tr>
<tr><td colspan="2">仪器及工具</td><td colspan="3"></td></tr>
<tr><td rowspan="4">主机外观认识</td><td colspan="4">标注图中 F 键及 I 键的名称和作用</td></tr>
<tr><td colspan="4">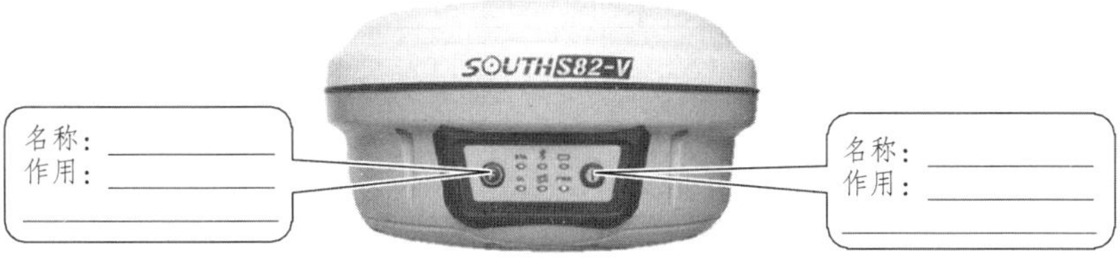</td></tr>
<tr><td colspan="4">标注图中各接口名称</td></tr>
<tr><td colspan="4"></td></tr>
<tr><td>单点定位</td><td colspan="4">图示说明你所操作的接收机某时刻的卫星分布图，并简述可见卫星和锁定卫星的颗数及卫星种类编号、卫星高度角最大的卫星编号、卫星几何精度因子 PDOP、记录时间。
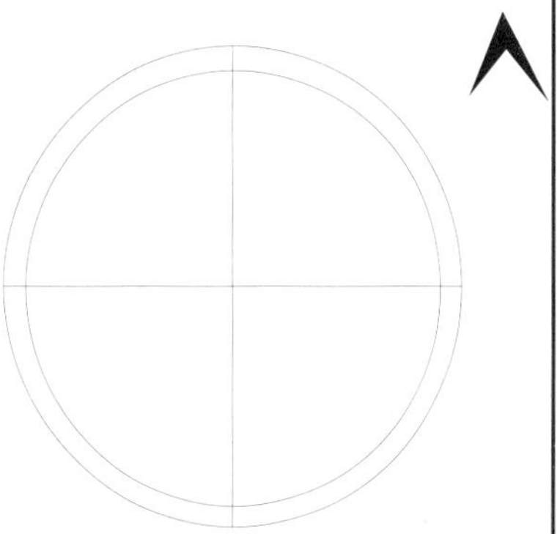</td></tr>
</table>

记录某观测历元的测站坐标信息和对应的部分卫星状态信息

接收机状态		卫星状态			
北京时间		卫星 ID	种类	高度角	方位角
经度					
纬度					
高程					
PDOP					
锁定卫星	（　　）颗				
可见卫星	（　　）颗				

实习小结

任务三　手持接收机的基本操作

一、实习目的

（1）了解手持接收机的定位原理。
（2）了解手持接收机的界面设置。
（3）掌握手持接收机基本功能和操作方法。

二、实习内容

在教师指导下，查询所在位置的经纬度、海拔等位置信息，利用手持接收机找到给定坐标的控制点。

三、实习场所及学时

场所：控制测量实训场。
学时：2 学时。

四、实习分组及仪器

全班分为 12 个学习小组，每组配备合众思壮集思宝 G3 手持 接收机 1 台，学院及周边地区电子地图 1 份，自备铅笔。

五、实习方法及步骤

1. 认识手持接收机的基本界面

集思宝 G3 是合众思壮推出的 地理信息数据采集设备。它外形小巧美观、使用方便、功能实用，并且具有工业级的防护能力，适合用来进行简单导航和点线面空间特征数据采集工作。

（1）按键操作。按键操作及功能见表 3.1 和如图 3.1 所示。

表 3.1　集思宝 G3 手持接收机按键及功能

按　键	操作及功能
放大/缩小键	用于地图等图形数据的放大及缩小
GIS 采集快捷键	用于快速进入 GIS 点采集的界面进行数据采集
翻页键	GIS 采集时，仅仅进行窗口的切换，不关闭采集功能 非 GIS 采集时，关闭当前窗口，切换至下一窗口
菜单/背光键	短按：弹出菜单（非字符输入状态） 长按：弹出背光调节界面
电源/退出键	短按：退出当前界面 长按：关机
五方向及确定按键	上下左右控制方向，中键为确定

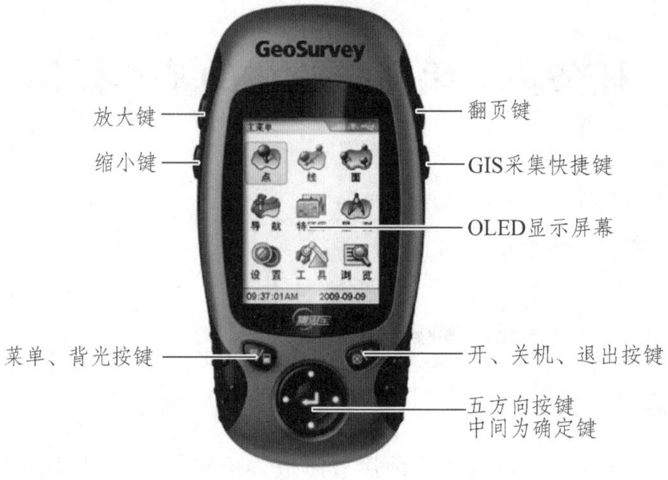

图 3.1　手持机按键操作示意图

（2）导航页面。该页面能够确定目标点方向、前进速度、高程、剩余距离等。导航页面显示及功能如图 3.2 所示。

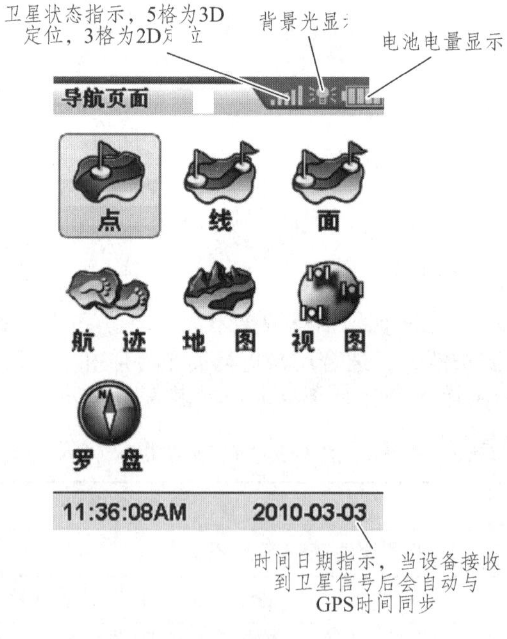

图 3.2　导航页面

（3）卫星视图。该页面可显示卫星数量并显示当前坐标，如图 3.3 所示。

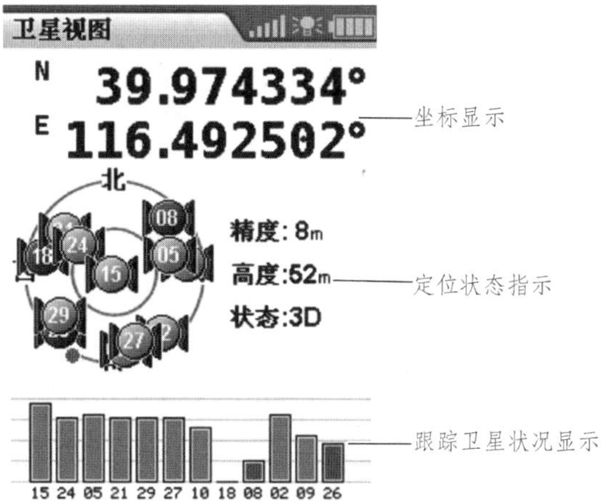

图 3.3　卫星视图

2. 点数据采集

（1）启动集思宝 G3。长按电源键约 3 s 至屏幕有显示即可松手，手持机启动，默认进入“主菜单”界面。

（2）坐标设置。通过“主菜单”中的“设置”按钮进入“设置”页面，点击“坐标”进入“坐标设置”页面，选择基准 1，投影坐标系（XYH），椭球类型为 WGS84，投影类型为横轴墨卡托投影，北基准为真北。注意对横轴墨卡托投影进行设置，假东方向为 + 00500000.000，假北方向为 + 00000000.000，中央子午线为 + 108.000000000，纬度原点为 + 00.000000000，尺度因子为 + 1.000000000。

（3）进入“点采集”页面。在“主菜单”中利用“翻页键”选择到“点采集”界面，或者直接用“GIS 采集快捷键”进入“点采集”页面。

（4）信息设置。在“点采集”页面中确定“图标”“名称”“类型”“备注”等信息，注意“坐标”以及“高度”是不可编辑的。

（5）开始采集。选中左下角的“记录”按钮，按“记录”键开始记录数据，记录持续时间、卫星数、精确值会在页面下部实时显示。在采集过程中，因为卫星可能短时间内达不到作业要求或其他原因需要暂时中断采集工作的，待条件好转后，再继续原来的采集。遇到这种情况，可以使用暂停/继续记录功能。

（6）保存。确认建立并保存新采集点或者确认编辑结束并保存。

3. 已知点导航

（1）输入已知点坐标。通过“主菜单”的“浏览”按钮进入到“数据管理”页面。选择“兴趣点”进入输入已知点坐标，操作为：点击“菜单/背光键”，新建一个兴趣点，设置点图标、点名，通过“五方向及确定按键”输入已知点坐标，点击“确定”。已知点坐标为：

GK17：X=3819426.892，Y=191591.682；

GK18：X=3819785.596，Y=191611.124；

GK33：X=3820326.782，Y=191542.487；

GXA5：X=3820685.861，Y=191101.959。

（2）开始“点导航”。通过“主菜单”的“浏览”按钮进入到“数据管理”页面中的“兴趣点”页面，选择输入的已知点，点击“菜单 / 背光键”，在菜单栏里选择“导航”功能，选择开始进行导航，然后根据罗盘的指示方向寻找已知点。

六、提交资料

实习报告 1 份。

七、思考题

1. 在集思宝 G3 手持接收机中如何找到一个给定坐标的点？

2. 如何使用集思宝 G3 手持接收机进行线数据采集？

实 习 报 告

日期__________班级__________ 组别__________ 姓名____________学号____________

<table>
<tr><td colspan="3">实习任务</td><td colspan="2"></td><td>成绩</td><td colspan="2"></td></tr>
<tr><td colspan="3">仪器及工具</td><td colspan="5"></td></tr>
<tr><td rowspan="11">点数据采集</td><td colspan="7">在下表记录所采集的点数据</td></tr>
<tr><td>点名</td><td>类型</td><td>N/（°）</td><td>E/（°）</td><td>高度/m</td><td>卫星数/个</td><td>精度/m</td></tr>
<tr><td></td><td></td><td></td><td></td><td></td><td></td><td></td></tr>
<tr><td></td><td></td><td></td><td></td><td></td><td></td><td></td></tr>
<tr><td></td><td></td><td></td><td></td><td></td><td></td><td></td></tr>
<tr><td></td><td></td><td></td><td></td><td></td><td></td><td></td></tr>
<tr><td></td><td></td><td></td><td></td><td></td><td></td><td></td></tr>
<tr><td></td><td></td><td></td><td></td><td></td><td></td><td></td></tr>
<tr><td colspan="7">点采集中，如果遇到难以到达的点或者卫星信号无法保证正常观测的点，如何测量？</td></tr>
<tr><td colspan="7"></td></tr>
<tr><td colspan="7"></td></tr>
<tr><td rowspan="2">已知点导航</td><td colspan="7">点导航时，罗盘起什么作用？罗盘的黑色箭头和蓝色箭头分别指示什么方向？</td></tr>
<tr><td colspan="7"></td></tr>
<tr><td>实习小结</td><td colspan="7"></td></tr>
</table>

任务四　卫星星历预报

一、实习目的

（1）了解星历预报的意义。
（2）掌握星历预报的方法，并学会使用软件进行卫星星历预报。
（3）理解利用星历预报选择最佳观测时段。

二、实习内容

（1）南方 GNSS 数据处理软件的安装和注册。
（2）星历预报操作方法。
（3）选择最佳观测时段。

三、实习场所及学时

场所：数据处理与软件应用中心。
学时：2 学时。

四、实习分组及仪器

全班分为 12 个学习小组，每人配电脑 1 台，南方测绘仪器公司后处理软件 1 套以及使用说明书。

五、实习方法及步骤

1. 软件的安装与注册

请独立完成南方 GNSS 数据处理软件的安装及注册。该处理软件由南方测绘仪器公司提供，该公司所有型号的 GNSS 均共用这一个数据处理软件，其安装程序名为“GNSSPro160422.exe”，后 6 位数字为按年月日排列的软件更新日期。其最新版本的数据处理软件安装程序及其操作手册可以随时从 www.southsurvey.com 免费下载。

下载好程序后，双击“GNSSPro160422.exe”程序，根据提示即可完成安装。安装程序自动在 Windows 桌面上创建名为“南方 GNSS 数据处理”的程序图标，双击图标即可启动 GNSS 数据处理软件。

执行下拉菜单“帮助/注册”命令，在弹出的“软件注册”对话框中的“注册码”文本框中任意输入 16 位数字，单击“注册”按钮即可完成软件注册。

星历预报与作业调度

2. 星历预报

请独立完成指定位置和时间的星历预报，将预报图示打印裁剪后粘贴于实习报告图框中。

进入计算机“开始”菜单，点击“所有程序”——“南方测绘数据处理”——“星历预报”，弹出“StarReport”程序窗口。单击第一个菜单“测段”，在下拉菜单中选择“参数设置”，弹出“参数设置”对话框。在“坐标时区”选项卡中设置测区的经纬度值；“仪器设置”选项卡中设置高度角（度）为 10，采样率（分钟）为 5，通道数（个）为 12；在“采集条件”选项卡中设置卫星个数大于 5 个，PDOP 小于 4，最少观测时间（分钟）60；在“星历文件”选项卡中先设置开始时间和结束时间，然后单击“浏览”按钮，在弹出的“打开星历文件”对话框中选中最新下载的星历文件（星历下载地址 www.navcen.uscg.gov），单击“确定”按钮，完成参数设置。“StarReport”程序窗口如图 4.1 所示。

图 4.1 “StarReport”程序窗口

图中显示的是 2017 年 3 月 29 日星期三 8:00 至 18:00 期间 10 小时的星历信息。单击窗口左边状态栏中的“卫星时间段”按钮可以查看卫星的跟踪状态。单击“卫星分布图”“卫星轨道图”等按钮，可以显示更丰富的星历信息。单击右上角“测段状态”浮动窗口中的“前一天”或“下一天”可以显示前后某一天的星历情况，根据星历预报结果可以方便地制订出野外观测计划。星历文件的有效期是 30 天。

3. 设计最佳观测时段

综合星历预报图示及文本结果，设计出当天的最佳观测时段，并记录在实习报告中。

【拓展阅读】 一个历书（Almanac）数据中各变量含义

ID：卫星的 PRN 号，范围为 1 ~ 31；

Health：卫星健康状况，零为信号可用，非零为信号不可用；

Eccentricity：轨道偏心率；

Time of Applicability（s）：历书的基准时间；

Orbital Inclination（rad）：轨道倾角；
Rate of Right Ascen（r/s）：升交点赤经变化率；
SQRT（A）（m 1/2）：轨道长半轴的平方根；
Right Ascen at Week（rad）：升交点赤经；
Argument of Perigee（rad）：近地点俯角；
Mean Anom（rad）：平均近点角；
Af0（s）：卫星时钟校正参数（钟差）；
Af1（s/s）：卫星时钟校正参数（钟速）；
week：GPS 周数。

六、提交资料

每大组提交以下资料：
（1）星历文件 1 份。
（2）实习报告 1 份。

七、思考题

1. 星历预报的意义是什么？

2. 根据图 4.2 所示的 PDOP 值选择最佳的观测时段。

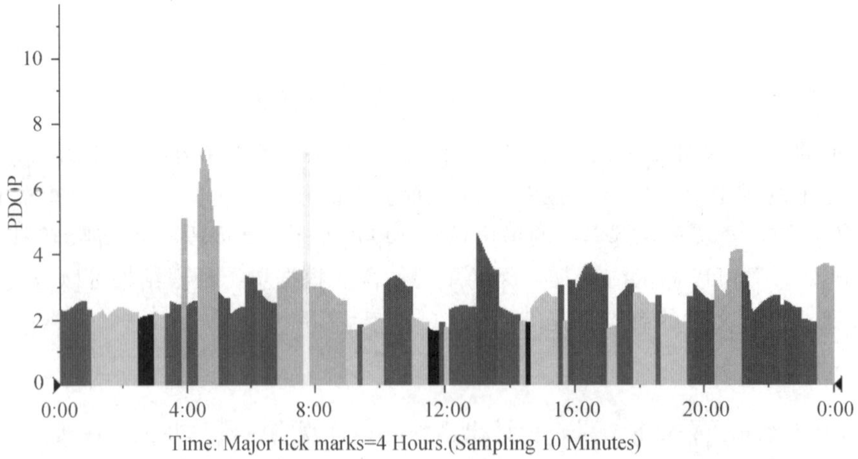

图 4.2 星历预报 PDOP 值

最佳观测时段①为：__________ ~ __________
最佳观测时段②为：__________ ~ __________
最佳观测时段③为：__________ ~ __________
最佳观测时段④为：__________ ~ __________

实 习 报 告

日期__________班级__________ 组别__________ 姓名____________学号____________

<table>
<tr><td>实习任务</td><td colspan="3"></td><td>成绩</td><td></td></tr>
<tr><td>仪器及工具</td><td colspan="5"></td></tr>
<tr><td rowspan="3">基本信息</td><td>指定位置</td><td>地区</td><td colspan="2">概略经度</td><td>概略纬度</td></tr>
<tr><td></td><td></td><td colspan="2">E=</td><td>N=</td></tr>
<tr><td>指定时间</td><td colspan="4">年　　月　　日　　时～　　时</td></tr>
<tr><td rowspan="2">星历文件</td><td colspan="5">某一历元的历书文件（打印粘贴）</td></tr>
<tr><td colspan="5"></td></tr>
<tr><td rowspan="2">星历预报结果</td><td colspan="2">PDOP 预报图（打印粘贴）</td><td colspan="3">卫星预报图（打印粘贴）</td></tr>
<tr><td colspan="2"></td><td colspan="3"></td></tr>
<tr><td rowspan="5">最佳时段统计分析</td><td>时间段</td><td>是否最佳</td><td colspan="3">原因分析</td></tr>
<tr><td></td><td></td><td colspan="3"></td></tr>
<tr><td></td><td></td><td colspan="3"></td></tr>
<tr><td></td><td></td><td colspan="3"></td></tr>
<tr><td></td><td></td><td colspan="3"></td></tr>
<tr><td>实习小结</td><td colspan="5"></td></tr>
</table>

任务五 GNSS 静态相对定位

一、实习目的

（1）了解 GNSS 选点的要求。

（2）熟悉 GNSS 静态相对定位仪器安置过程。

（3）掌握 GNSS 同步观测要求以及观测数据记录方法。

（4）理解 GNSS 控制网的同步环、异步环的构网思想。

二、实习内容

GNSS 静态相对定位数据采集之前先要明确任务，进行测区踏勘，拟定外业观测计划，编写技术设计书等，本次实训主要进行外业观测作业。

在控制测量实训场，各大组按规定时间同步采集 2 个同步环数据。每大组采用位于校外的一个控制点，例如 A_1 和校内的 3 个 GNSS 点，A_2、A_3、A_4。布网示例如图 5.1 所示。

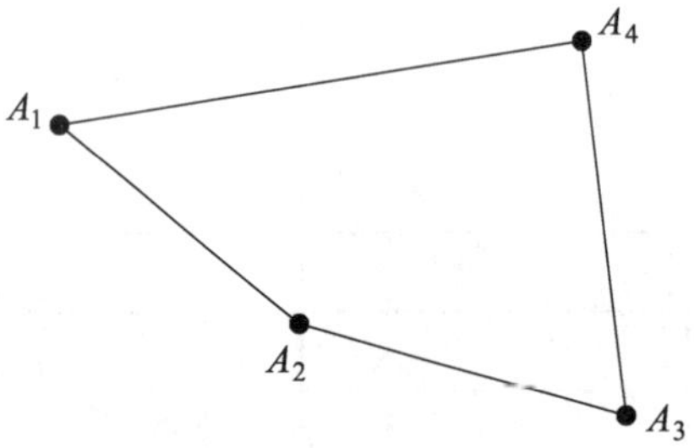

图 5.1 布网示例图

三、实习场所及学时

场所：控制测量实训场。

学时：4 学时。

四、实习分组及仪器

每大组 6 人，分为 3 个小组，每小组配备南方 S82V 型 GNSS 接收机 1 套（含 GNSS 接收机 1 台、电池 1 块、三脚架 1 个、钢卷尺 1 个），自备铅笔、指导书。

五、实习方法及步骤

1. 数据采集准备工作

（1）选点。阅读选点注意事项，每大组完成 4 个点的选点工作，并在实地标记点位。

GNSS 外业数据采集（1）

- 点位应设在易于安装接收设备，视野开阔的较高点上；
- 点位目标要显著，视场周围 15° 以上不应有障碍物，以减少 卫星 信号被遮挡或被障碍物吸收；
- 点位应远离大功率无线电发射源（如电视机、微波炉等），其距离不少于 200 m；
- 远离高压输电线，其距离不得少于 50 m，以避免电磁场对卫星信号的干扰；
- 点位附近不应有大面积水域或强烈干扰卫星信号接收的物体，以减弱多路径效应的影响。
- 点位应选在交通方便，有利于其他观测手段扩展与联测的地方。
- 地面基础稳定，易于点的保存。

（2）作业计划。按照《GB/T 18314—2009 全球定位系统（GPS）测量规范》中 E 级网的标准，边连式构网，进行作业计划，编排作业调度表，如表 5.1 所示。

表 5.1　静态野外数据采集作业调度表

______年____月____日　班级________　第________大组　组长 ________　年积日__________

时段编号	观测时间	测站名/号	测站名/号	测站名/号
		负责人	负责人	负责人
		接收机号	接收机号	接收机号
1				
2				
3				

2. GNSS 野外静态数据采集

每大组先将 3 台南方 S82V 型 GNSS 接收机调为静态工作模式，设置卫星高度角和采样间隔。在 GNSS 点上架设脚架，安置接收机，严格对中整平，记录 GNSS 接收机型号，天线的型号，量取仪器高，记录在相对定位外业观测手簿上，如表 5.2 所示，等候组长通知开机。

GNSS 外业数据采集(2)

表 5.2 GNSS 相对定位观测记录表

测站名		测站编号	
接收机信息	接收机型号	S/N	P/N
观测者		记录者	
观测日期		年积日	
采样间隔		卫星截止高度角	
开机时间（UTC）		关机时间（UTC）	
天气状况		时段序号	
天线高/m	测前	测后	平均
天线示意图	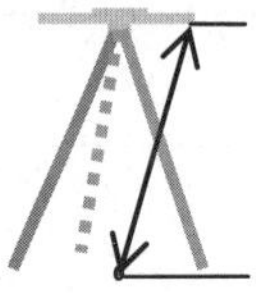 □ 方式 1 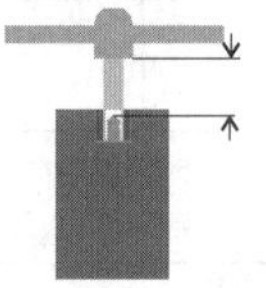 □ 方式 2	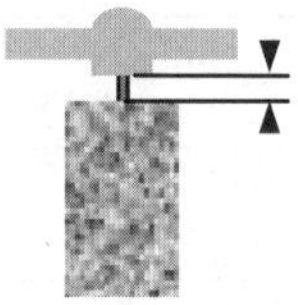 □ 方式 3 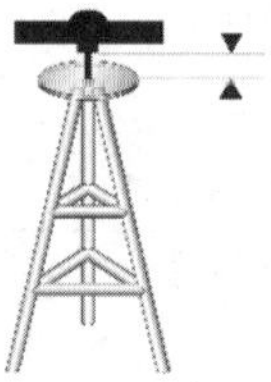 □ 方式 4	□ 其他

（1）开机。在观测手簿上记录开机时间，每一个时段观测 45 min 左右。观测过程中不要碰接收机和脚架，观测者离接收机一定的距离，而且不使用干扰卫星信号的通信设备，比如手机等。

（2）关机。记录关机时间，再次量取天线高，并与开机前量取的天线高比较，两次误差 ≤3 mm，记录在手簿上，若两次量取的天线高 ≤3 mm，求其平均值，作为最后天线高，若两次天线高误差超限，查明原因，记录在手簿上。

一时段数据采集工作结束，收拾仪器进行下一个测量点的数据采集工作。

3. 数据导出与成果整理

以大组为单位进行数据的导出，每大组建立一个数据文件夹，然后将 3 台接收机的数据全部导入该文件夹。

4. 注意事项

（1）每测站应记录测站号、仪器号、天线高和观测时间等信息。
（2）观测时，接收机周围不使用干扰卫星信号的通信设备，以减弱误差。
（3）观测期间不能进行关机操作。
（4）观测时间内不能改变测站号、天线高、采样间隔和高度截止角等信息。
（5）务必注意外出人身安全和仪器安全。

【拓展阅读】作业基本技术规定

作业基本技术规定应符合表 5.3 要求。

表 5.3　GB/T 18314—2009《全球定位系统（GPS）测量规范》的要求

项　目	级　别			
	B	C	D	E
卫星高度截止角/（°）	10	15	15	15
同时观测有效卫星数	≥4	≥4	≥4	≥4
有效观测卫星总数	≥20	≥6	≥4	≥4
观测时段数	≥3	≥2	≥1.6	≥1.6
时段长度	≥23 h	≥4 h	≥60 min	≥40 min
采样间隔/s	30	10～30	5～15	5～15
单频/双频	双频/全波长	双频/全波长	双频或单频	
观测量至少有	L1、L2 载波相位	L1、L2 载波相位	L1 载波相位	
同步观测接收机数	≥4	≥3	≥3	

六、提交资料

每大组提交以下资料：
（1）表 5.1 静态野外数据采集作业调度表 1 份。

（2）表 5.2 GNSS 外业观测记录表 1 份。

（3）外业观测数据文件 1 份。

七、思考题

1. 名词解释

（1）观测时段

（2）同步观测

（3）同步观测环

2. 同步环之间的连接方式有哪几种？若有 3 台 GNSS 接收机参加作业，请说明图 5.2 中同步环所采用的连接方式。

（　　　　　　　）　　　（　　　　　　　）　　　（　　　　　　　）

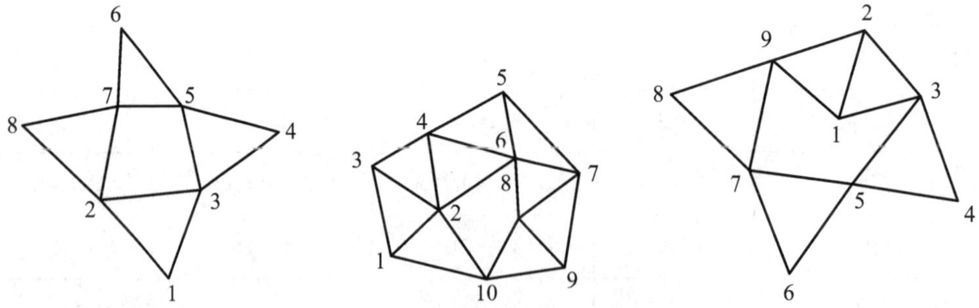

图 5.2 同步环连接

实 习 报 告

日期__________班级__________ 组别__________ 姓名____________学号____________

<table>
<tr><td>实习任务</td><td colspan="2"></td><td>成 绩</td><td></td></tr>
<tr><td>仪器及工具</td><td colspan="4"></td></tr>
<tr><td rowspan="2">基本设置</td><td>卫星高度截止角</td><td>采样间隔</td><td colspan="2">同步观测接收机数</td></tr>
<tr><td></td><td></td><td colspan="2"></td></tr>
<tr><td rowspan="16">测站跟踪状态</td><td>测站名</td><td></td><td>信噪比</td><td></td></tr>
<tr><td>电池电压</td><td colspan="3"></td></tr>
<tr><td>接收卫星号</td><td colspan="3"></td></tr>
<tr><td>故障情况</td><td colspan="3"></td></tr>
<tr><td>测站名</td><td></td><td>信噪比</td><td></td></tr>
<tr><td>电池电压</td><td colspan="3"></td></tr>
<tr><td>接收卫星号</td><td colspan="3"></td></tr>
<tr><td>故障情况</td><td colspan="3"></td></tr>
<tr><td>测站名</td><td></td><td>信噪比</td><td></td></tr>
<tr><td>电池电压</td><td colspan="3"></td></tr>
<tr><td>接收卫星号</td><td colspan="3"></td></tr>
<tr><td>故障情况</td><td colspan="3"></td></tr>
<tr><td>测站名</td><td></td><td>信噪比</td><td></td></tr>
<tr><td>电池电压</td><td colspan="3"></td></tr>
<tr><td>接收卫星号</td><td colspan="3"></td></tr>
<tr><td>故障情况</td><td colspan="3"></td></tr>
<tr><td>实习小结</td><td colspan="4"></td></tr>
</table>

任务六　数据传输及格式转换

一、实习目的

（1）掌握常用 GNSS 观测数据的数据传输方法。
（2）掌握常用 GNSS 观测数据的格式转换方法。

二、实习内容

（1）将 GNSS 接收机外业观测数据传输到计算机。
（2）将接收机本机格式的数据文件转换成 Rinex 格式的文件。

三、实习场所及学时

场所：数据处理与软件应用中心。
学时：2 学时。

四、实习分组及仪器

全班分为 12 组，每组配备南方 S82V 型接收机 1 台（记录有观测数据），或华测 X900 接收机 1 台（记录有观测数据），或天宝接收机 1 台（记录有观测数据），数据转换软件。

五、实习方法及步骤

1. 天宝接收机的数据传输与格式转换

（1）数据传输。Trimble 数据传输（Data Transfer）软件全中文操作，是 Trimble 所有产品共用的通信软件，包括 GNSS 接收机、手簿控制器、全站仪、电子水准仪，以及 GIS 数据采集器，如图 6.1 所示。

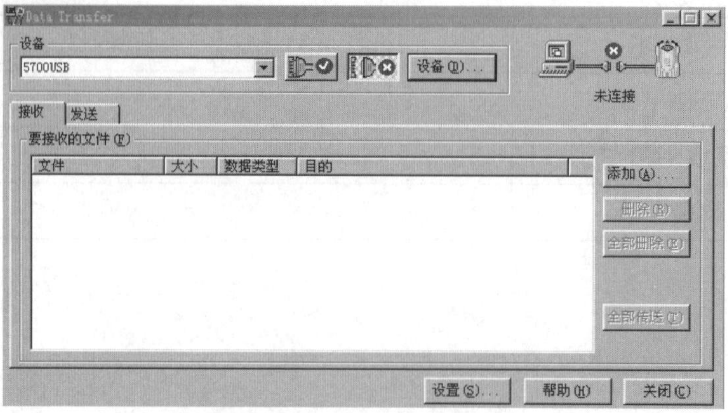

图 6.1　Data Transfer（数据传输）软件界面

首先通过专用数据线，将 Trimble 接收机与计算机相连。然后启动 Data Transfer 软件。点击

，添加所需的设备名称，如图 6.2 所示。

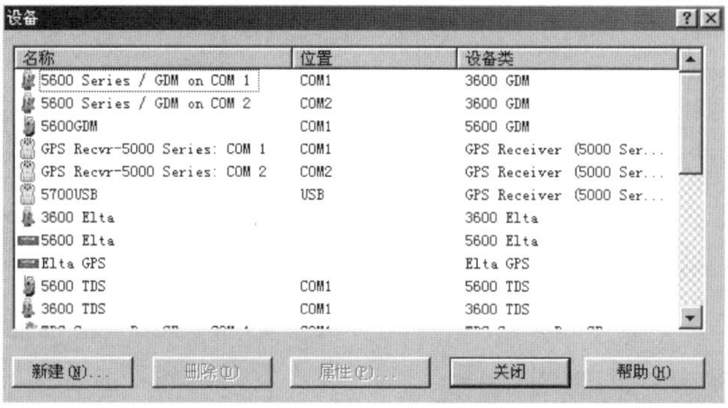

图 6.2　添加设备

与该设备建立连接后，点击添加，如图 6.3 所示。

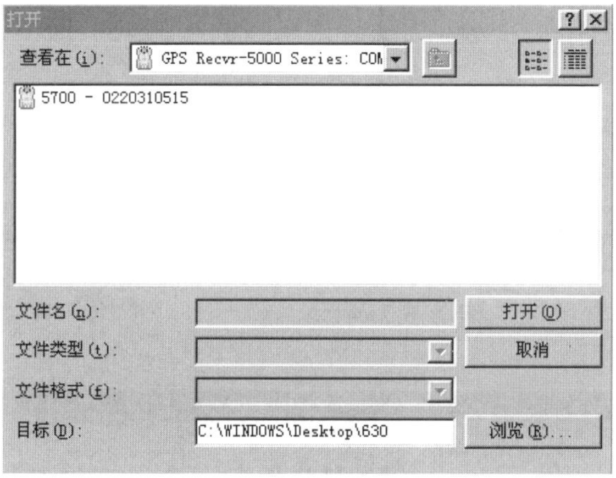

图 6.3　添加设备

选中要传输的数据后，点击全部传送。用记事本打开已传输的数据，如图 6.4 所示。

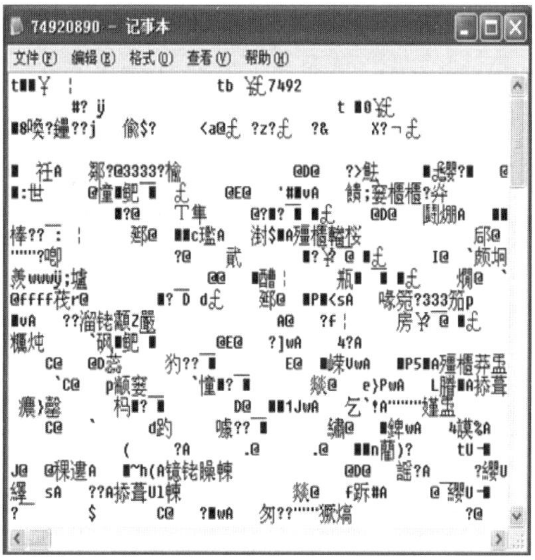

图 6.4　查看数据文件

（2）格式转换。由于数据是乱码，故需要格式转换，转换成文本文档能够读取的格式。

首先启动 TBC 软件，打开 convert to rinex 软件，界面如图 6.5 所示，进行文件输入输出文档设置。进行文件输出配置，如图 6.6 所示。

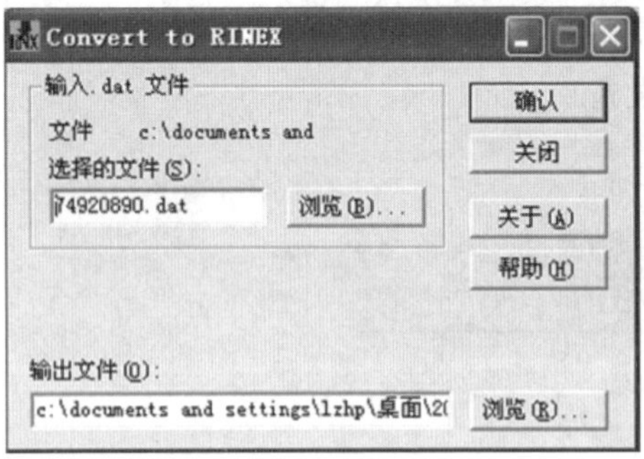

图 6.5　文档设置界面

图 6.6　输出配置

文件转换成功，查看数据，如图 6.7 所示。

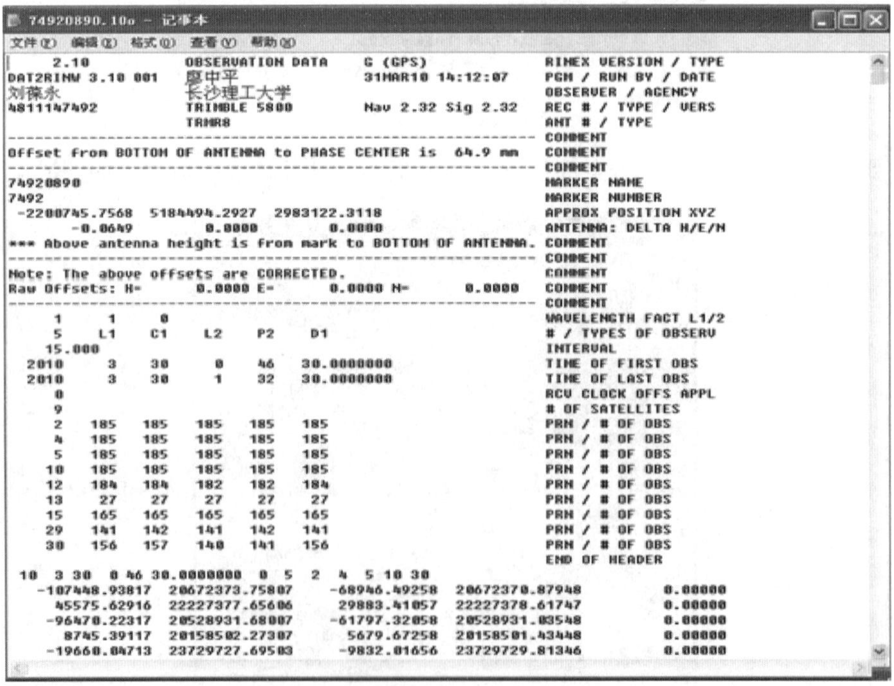

图 6.7　转换后数据查看

2. 南方 S82V 接收机的数据传输及格式转换

（1）数据传输。南方 S82V 型 GNSS 接收机数据存储在外部存储器，因此用数据线将接收机与计算机连接后不开机就显示可移动磁盘，并可以直接将里面的数据文件复制出来，无须再使用专门的数据传输软件。

GNSS 数据格式

（2）格式转换。南方接收机本机.sth 格式文件转换 Rinex 文件需要用到 Sth To Rinex 的工具软件。运行 Sth To Rinex 工具，弹出如图 6.8 所示的界面。

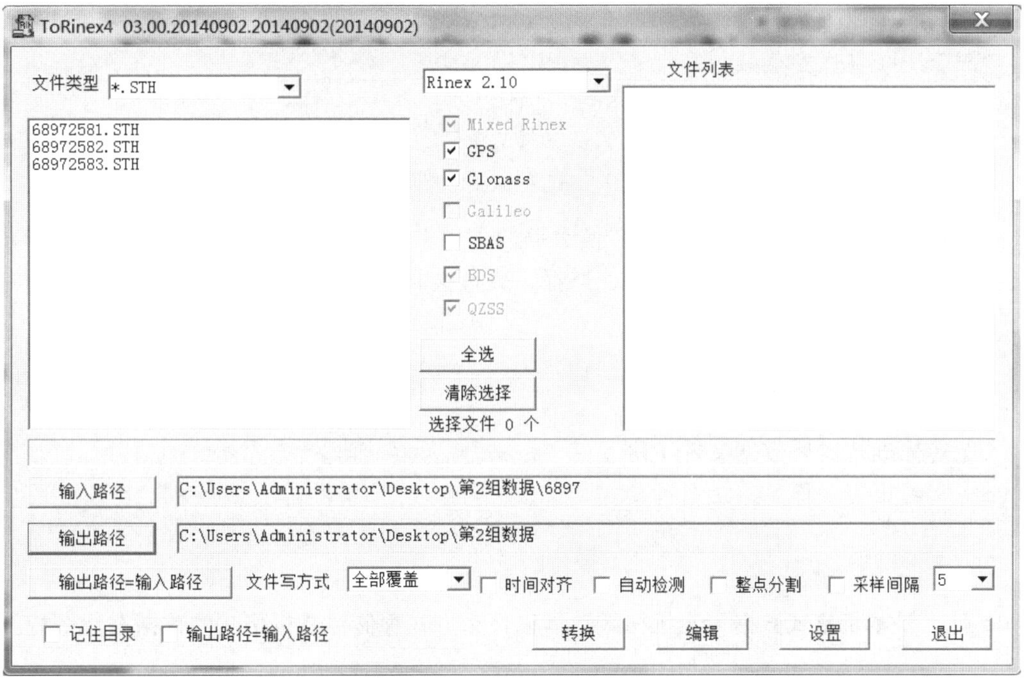

图 6.8　Sth To Rinex 软件界面

这个工具主要是将各种类型的南方单双频静态 GNSS 及 GNSS 采集的静态数据*.sth 转换成标准的 Rinex 格式，以便各种型号 GNSS 混合解算。使用时再点击“输入路径”选择要转换的*.sth，然后点击“输出路径”，将数据格式转换成 Rinex 格式保存到某一目录下。

3. 华测 X900 接收机的数据传输及格式转换

（1）数据传输。华测 X900 型 GNSS 接收机数据存储在外部存储器，因此用数据线将接收机与计算机连接后不开机就显示可移动磁盘，并可以直接将里面的数据文件复制出来，无需再使用专门的数据传输软件。

（2）格式转换。华测 X900 系列接收机本机.HCN 格式文件转换标准格式文件需要用到华测导航中 HCRinex 工具软件，电脑桌面选择“开始”—“华测导航”—“compass”—“HCRinex”，启动工具软件，如图 6.9 所示。

图 6.9 HCRinex 软件界面

点击“增加”，选择保存的需要转换数据的文件夹，然后选中需要转换的数据，导出路径会自动默认需要转换数据的文件夹，选择，软件会自动转换。

六、提交资料

（1）原观测数据文件 1 份。
（2）转标准格式后数据文件 1 份。
（3）实习报告 1 份。

七、思考题

1. 什么是本机格式数据？本机格式数据以什么方式存储？本机格式的数据有什么特点？

2. 什么是 Rinex 数据？Rinex 数据以什么方式存储？Rinex 数据有什么特点？

3. 请解释 H12660.16O 的后缀名“16”代表什么？“O”代表什么？

实 习 报 告

日期__________班级__________ 组别__________ 姓名____________学号____________

实习任务		成　绩	
仪器及工具			
.dat 数据转标准格式	用文字或图示说明转格式的具体步骤		
.sth 数据转标准格式	用文字或图示说明转格式的具体步骤		
.HCN 数据转标准格式	用文字或图示说明转格式的具体步骤		
实习小结			

任务七 GNSS 基线解算

一、实习目的

（1）掌握 GNSS 基线解算的过程、步骤和质量控制方法。
（2）掌握常用基线精化处理的方法。
（3）为后续的网平差提供合格的基线向量观测值。

二、实习内容

（1）采用商用软件 LGO 对所采集的外业观测数据进行基线解算。
（2）对基线解算结果进行质量评定。
（3）根据质量评定结果对质量较差的困难基线向量进行精化处理。

三、实习场所及学时

场所：数据处理与软件应用中心。
学时：6 学时。

四、实习分组及仪器

全班分为 12 个组，每组 1 套静态观测数据及 1 套外业记录手簿。

五、实习方法及步骤

1. 基线解算流程

GNSS 基线向量表示了各测站间的一种位置关系，即测站与测站间的坐标增量。每个厂商的随机数据处理软件虽然界面不同，操作细节存在差异，但是总体的解算流程是基本相同的。基线解算流程如图 7.1 所示。

2. 解算步骤

以 LGO 软件为例，基线解算步骤为：
（1）打开 LGO 软件，新建一个项目（如 chengshi）。
（2）输入原始观测数据，对数据进行预处理，在 GPS 选项卡下修改点标识、读取高程等信息，然后将数据分配到新建项目中，如图 7.2 所示。

LGO 基线解算

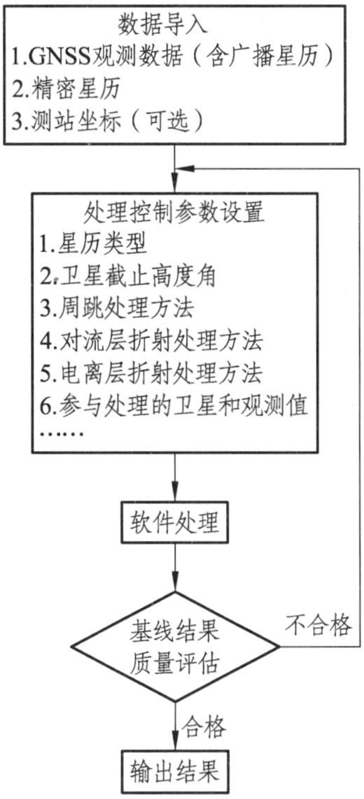

图 7.1　基线解算流程图

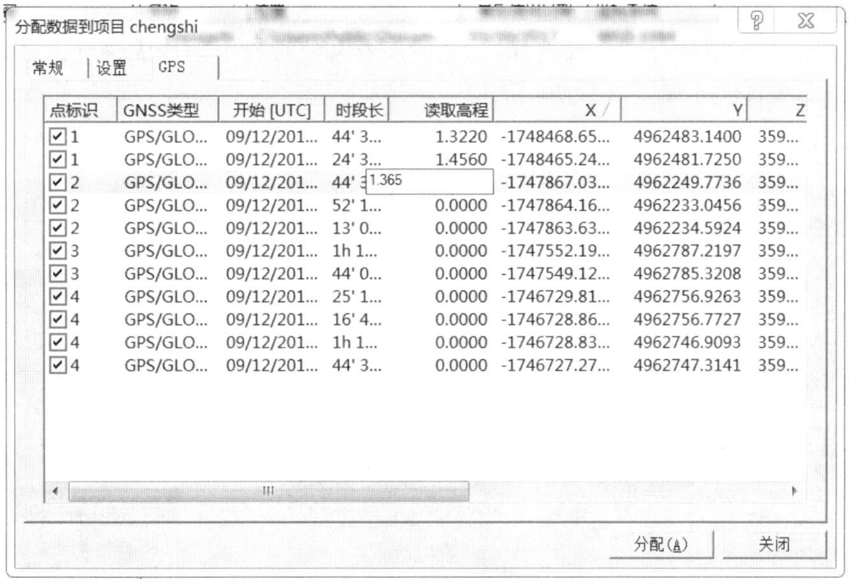

图 7.2　分配数据

（3）定义天线，点击屏幕下方天线选项卡图标，空白处右键选择“天线属性”，查看天线类型是否正确，是否有高度角和方位角的改正，如果有，则继续下一步。如果没有,需要检查外业的作业流程,在弹出的对话框中重新输入一个正确的天线类型,如图 7.3 所示。

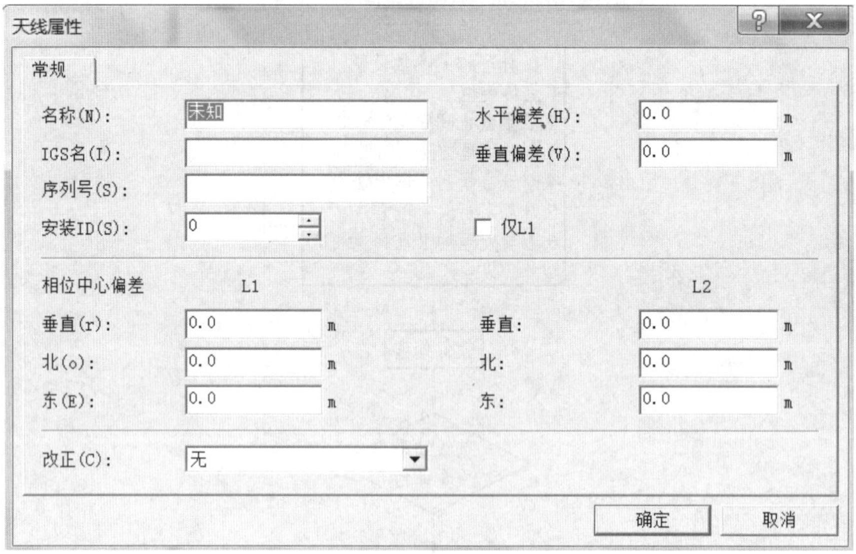

图 7.3 天线属性

（4）GNSS 基线处理，点击屏幕下方 GPS-处理 选项卡图标，在弹出的界面进行基线处理。在处理之前在空白区右键设置处理模式为“自动”，设置“处理参数”，常规项里面勾选“显示高级参数”，附加输出里面勾选“残差”，自动处理里面勾选“基线重算”。

参数设置完后右键选择“全部选择”，此时所有基线被选中，变成绿色，最后右键选择“处理”进行基线自动处理，如图 7.4 所示。

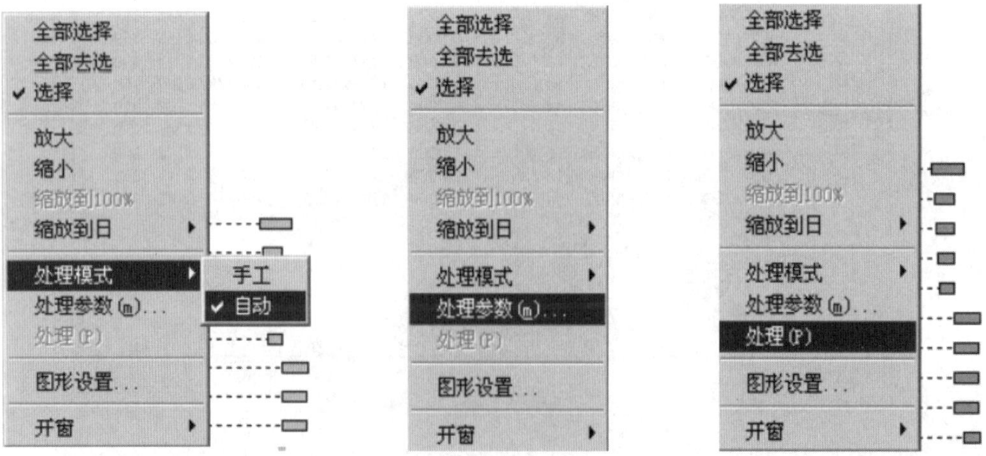

（a）自动处理模式　（b）处理参数设置　（c）基线处理

图 7.4 基线处理

（5）查看结果。解算完毕后，选项卡自动跳转到 结果，查看静态模糊度，当静态模糊度为“是”，选中后右键“存储”基线处理结果，基线自动处理完毕。

（6）查看基线解算结果。点击“结果”—“基线”，在对应的基线上右键选择“打开报告”可以打开对应基线的计算报告，查看其详细解算质量。如图 7.5 所示。

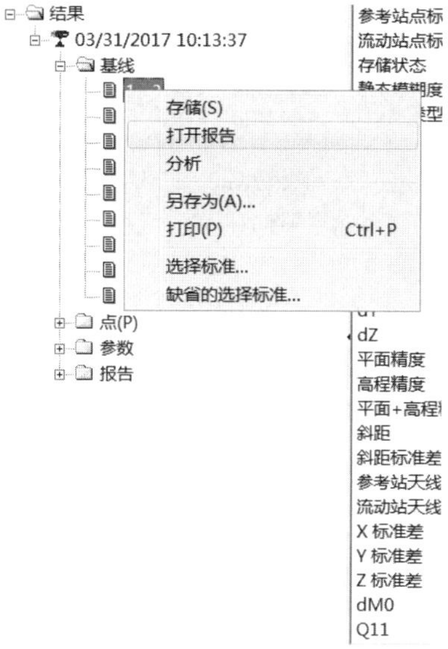

（a）“结果”—“基线”—“打开报告”

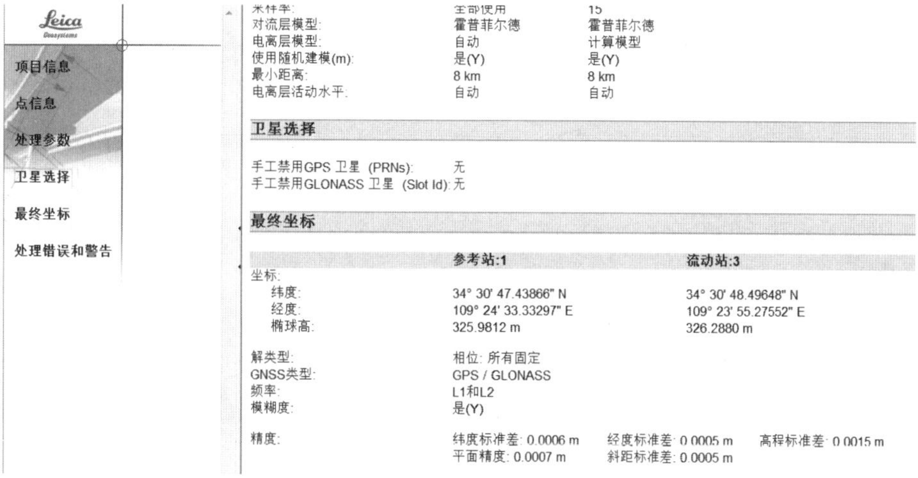

（b）基线结果

图 7.5 基线解算报告

（7）基线解算的质量控制。屏幕下面点击 平差 选项卡，显示区跳转到平差界面。

在该区域右键选择“闭合环”，系统自动完成闭合环的计算与检验。右键选择“结果”—“闭合环”，查看闭合环计算结果，如图 7.6 所示。

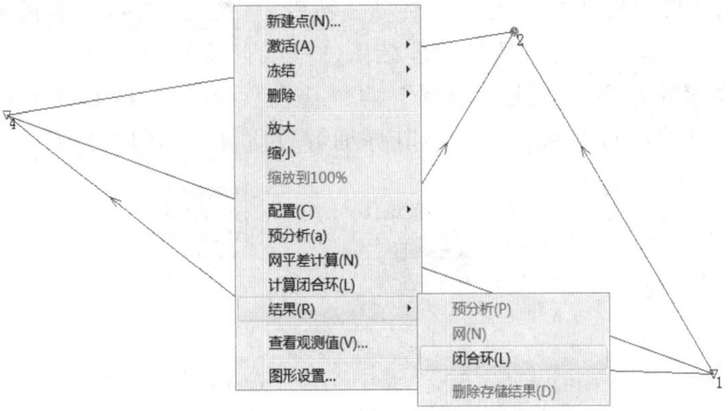

（a）“结果”—闭合环

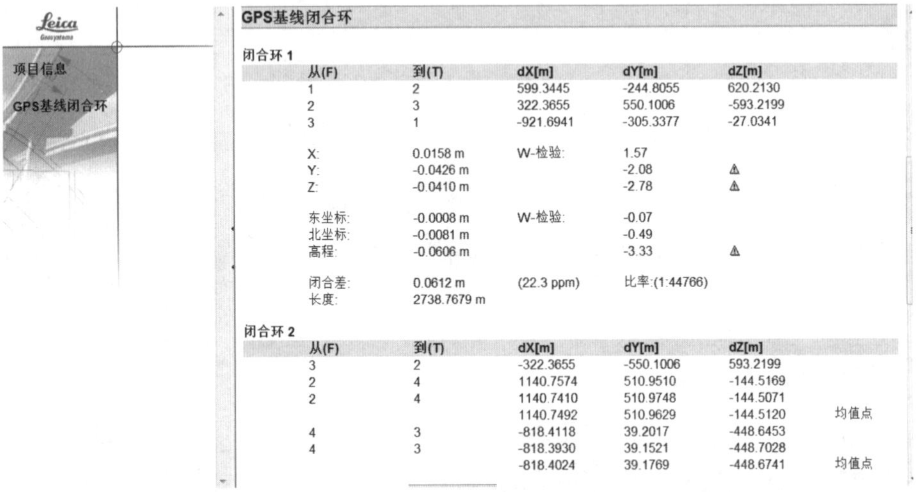

GPS基线闭合环

闭合环 1

从(F)	到(T)	dX[m]	dY[m]	dZ[m]
1	2	599.3445	-244.8055	620.2130
2	3	322.3655	550.1006	-593.2199
3	1	-921.6941	-305.3377	-27.0341

X:	0.0158 m	W-检验:	1.57	
Y:	-0.0426 m		-2.08	⚠
Z:	-0.0410 m		-2.78	⚠
东坐标:	-0.0008 m	W-检验:	-0.07	
北坐标:	-0.0081 m		-0.49	
高程:	-0.0606 m		-3.33	⚠
闭合差:	0.0612 m	(22.3 ppm)	比率:(1:44766)	
长度:	2738.7679 m			

闭合环 2

从(F)	到(T)	dX[m]	dY[m]	dZ[m]	
3	2	-322.3655	-550.1006	593.2199	
2	4	1140.7574	510.9510	-144.5169	
2	4	1140.7410	510.9748	-144.5071	
		1140.7492	510.9629	-144.5120	均值点
4	3	-818.4118	39.2017	-448.6453	
4	3	-818.3930	39.1521	-448.7028	
		-818.4024	39.1769	-448.6741	均值点

（b）闭合环和闭合差报告

图 7.6　闭合环计算与检验

对检验值超限的环、网数据进行查看，对重复观测数据相差较大的进行剔除，检查天线高、天线类型等数据，核实后再重新进行分析、计算。反复该过程至检验值达到允许偏差范围内。

【拓展阅读】 基线精化处理的有力工具——残差图

在基线解算时经常要判断影响基线解算结果质量的因素，或需要确定哪颗卫星或哪段时间的观测值质量上有问题，残差图对于完成这些工作非常有用。所谓残差图就是根据观测值的残差绘制的一种图表。如图 7.7 所示。

TBC 坐标系统建立

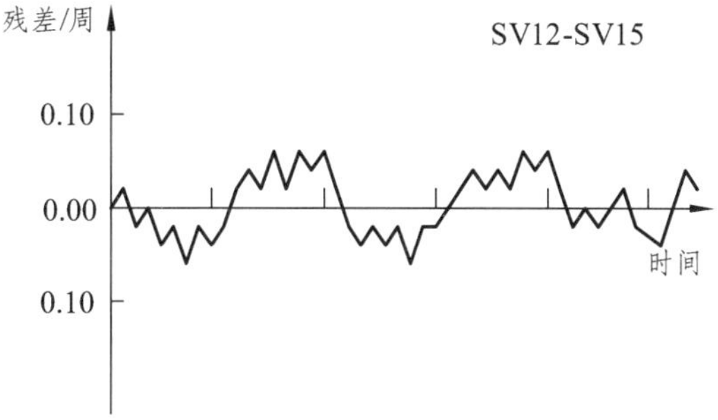

图 7.7 SV12 与 SV15 号卫星的差分观测值残差图

图 7.7 是一种常见双差分观测值残差图的形式，它的横轴表示观测时间，纵轴表示观测值的残差，右上角的“SV12-SV15”表示此残差是 SV12 号卫星与 SV15 号卫星的差分观测值的残差。正常的残差图一般为残差绕着零轴上下摆动，振幅一般不超过 0.1 周。图 7.8 表明 SV12 号卫星的观测值中含有周跳。

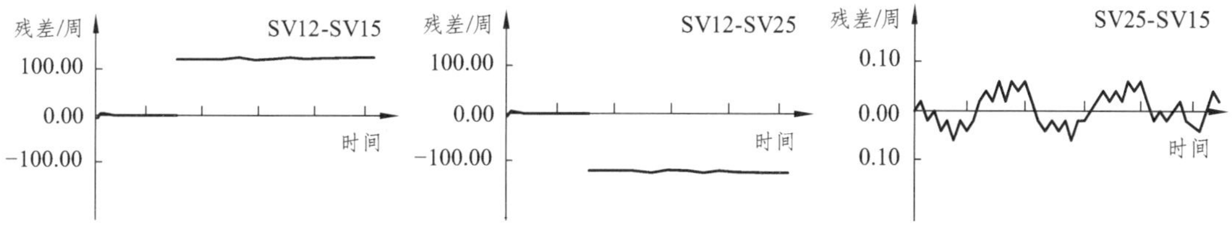

（a） （b） （c）

图 7.8 SV12 与 SV15 号卫星差分观测值含有周跳的残差图

图 7.9 表明 SV12-SV25 在 $T_1 \sim T_2$ 时间段内受不明因素（可能是多路径效应、对流层折射、电离层折射或强电磁波干扰）影响情况。

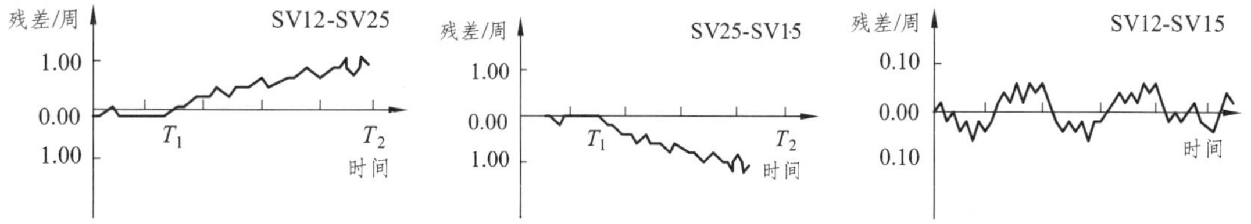

（a） （b） （c）

图 7.9 SV12 与 SV15 号卫星差分观测值受不明因素影响的残差图

六、提交资料

（1）基线成果 1 份。
（2）基线解算报告 1 份。
（3）实习报告 1 份。

七、思考题

1. 用 6 台 GNSS 接收机观测两个时间段（每时段 1 h），两个时间段之间为点连接。能解算出多少条基线？独立基线共有几条？重复观测基线有几条？设置采样间隔为 15 s 每台接收机记录多少组数据？

2. GNSS 基线解算后应做哪些检核计算？

TBC 数据导入　　TBC 基线处理

实 习 报 告

日期__________班级__________ 组别__________ 姓名____________学号____________

<table>
<tr><td colspan="2">实习任务</td><td colspan="3"></td><td>成绩</td><td colspan="2"></td></tr>
<tr><td colspan="2">仪器及工具</td><td colspan="6"></td></tr>
<tr><td rowspan="9">基线解算结果统计</td><td rowspan="2">指定基线</td><td colspan="6">解算结果</td></tr>
<tr><td>基线名</td><td>斜距/m</td><td>D_X/m</td><td>D_Y/m</td><td>D_Z/m</td><td>平面 + 高程精度/m</td></tr>
<tr><td>最长</td><td>→</td><td></td><td></td><td></td><td></td><td></td></tr>
<tr><td>最短</td><td>→</td><td></td><td></td><td></td><td></td><td></td></tr>
<tr><td rowspan="2">重复基线</td><td colspan="5">重复基线检核</td><td></td></tr>
<tr><td>基线名</td><td>边长/m</td><td>平均边长/m</td><td>d_s/m</td><td>是否合格</td><td>备注</td></tr>
<tr><td rowspan="2">重复基线 1</td><td>→</td><td></td><td></td><td rowspan="2"></td><td rowspan="2"></td><td rowspan="2"></td></tr>
<tr><td>→</td><td></td><td></td></tr>
<tr><td rowspan="10">闭合环检验</td><td rowspan="2">指定闭合环</td><td colspan="6"></td></tr>
<tr><td>从（F）→到（T）</td><td>D_X/m</td><td>D_Y/m</td><td>D_Z/m</td><td>σ/mm</td><td>是否合格</td></tr>
<tr><td rowspan="4">同步环 1</td><td>→</td><td></td><td></td><td></td><td rowspan="3"></td><td></td></tr>
<tr><td>→</td><td></td><td></td><td></td><td></td></tr>
<tr><td>→</td><td></td><td></td><td></td><td></td></tr>
<tr><td>W</td><td>W_X=</td><td>W_Y=</td><td>W_Z=</td><td>W_S=</td><td></td></tr>
<tr><td rowspan="4">异步环 1</td><td>→</td><td></td><td></td><td></td><td rowspan="3"></td><td></td></tr>
<tr><td>→</td><td></td><td></td><td></td><td></td></tr>
<tr><td>→</td><td></td><td></td><td></td><td></td></tr>
<tr><td>W</td><td>W_X=</td><td>W_Y=</td><td>W_Z=</td><td>W_S=</td><td></td></tr>
<tr><td>实习小结</td><td colspan="7"></td></tr>
</table>

任务八　网平差与坐标转换

一、实习目的

（1）掌握 GNSS 网平差的操作步骤，会分析网平差报告。
（2）掌握坐标转换的思路和方法。
（3）掌握网平差、坐标转换成果的输出。

二、实习内容

（1）采用商用软件 LGO 对观测基线进行网平差，查看平差后点的坐标。
（2）输入已知点地方坐标，进行坐标转换，查看转换后点的坐标。
（3）输出网平差报告，输出转换后控制点坐标。

三、实习场所及学时

场所：数据处理与软件应用中心。
学时：4 学时。

四、实习分组及仪器

全班分 12 组，每组 1 套静态观测数据及 1 套外业观测记录手簿。

五、实习方法及步骤

1. 预分析

控制网的预分析就是对静态观测构成的闭合环和网型进行初步分析。屏幕下面点击 平差 选项卡，显示区跳转到平差界面。在该区域右键选择“预分析”，系统自动完成控制网的初步分析。右键选择“结果”—“预分析”，查看预分析报告，如图 8.1 所示。

图 8.1　平差预分析报告

2. 网平差

在 GNSS 数据处理中，基线解算所得到的基线向量仅能确定 GNSS 网的几何形状，但却无法提供用来最终确定网中点绝对坐标所必需的绝对位置基准，这就需要进行网平差。在屏幕下面点击 平差 选项卡，显示区跳转到平差界面。在该区域右键选择“网平差计算”，系统自动完成控制网的平差计算。右键选择“结果”—“网”，查看网平差报告。

LGO 网平差

查看 F 检验，F 检验值必须小于 F 检验临界值（接受），如图 8.2 所示。

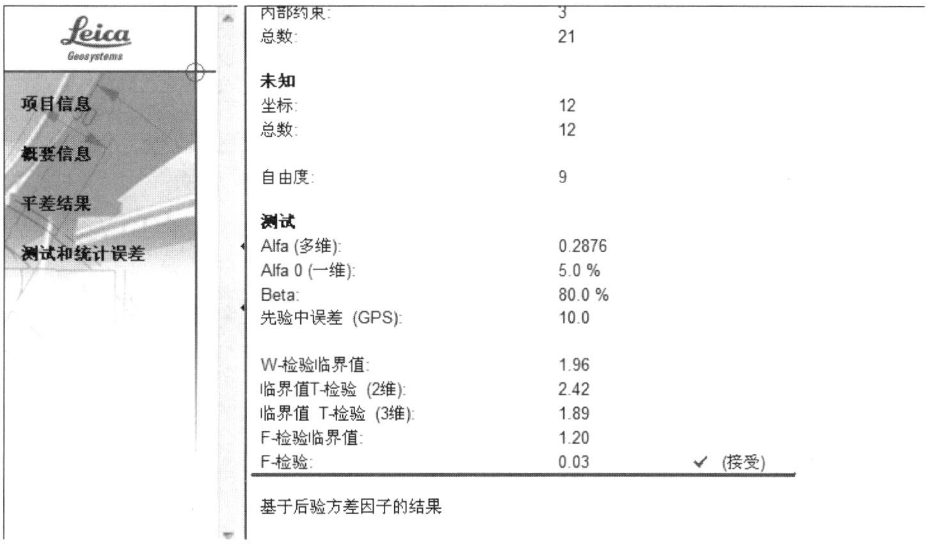

图 8.2　F 检验接受

对 F 检验超限较小，而观测数据又没有问题的情况，在平差界面，右键“配置”—“一般参数”—“检验标准”—“先验方差”，对先验方差（GNSS）栏内的数据进行适当的修改后再进行网平差。

在屏幕下面点击 点 选项卡，显示区跳转到点界面，可以查看并导出点的经纬度坐标及精度，为平差后坐标；点击工具栏图标，可以查看并导出点的空间三维直角坐标。

3. 坐标转换

在坐标转换之前，首先要准备好已知点坐标文件，新建一个地方项目并配赋新的地方坐标系用来存放已知点坐标，然后将已知点文件以 ASCII 文件输入到新建项目中。点击菜单“工具”—“基准/投影”，在上栏选择平差点项目，下栏选择已知点项目，如图 8.3 所示。然后点击 匹配 图标，在新弹出的对话框空白处右键选择“配置”，设置转换参数，如图 8.4 所示。

LGO 坐标转换

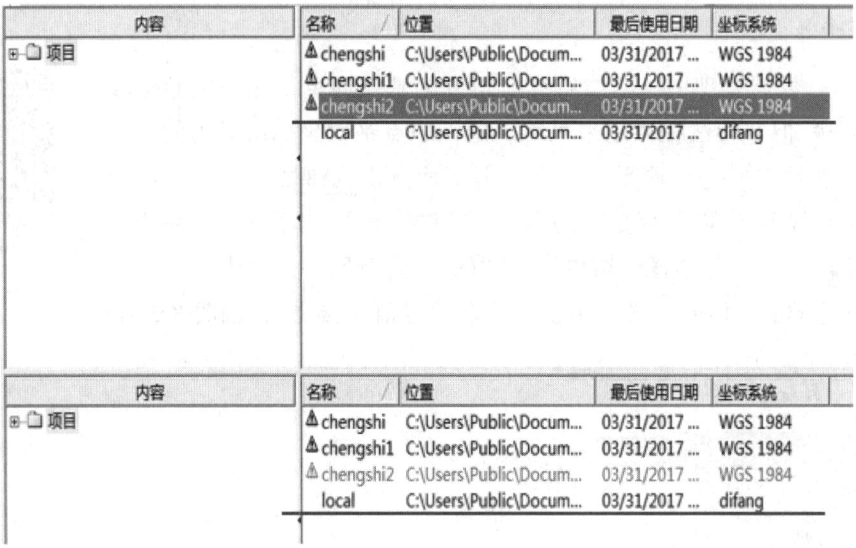

图 8.3 “基准/投影”界面

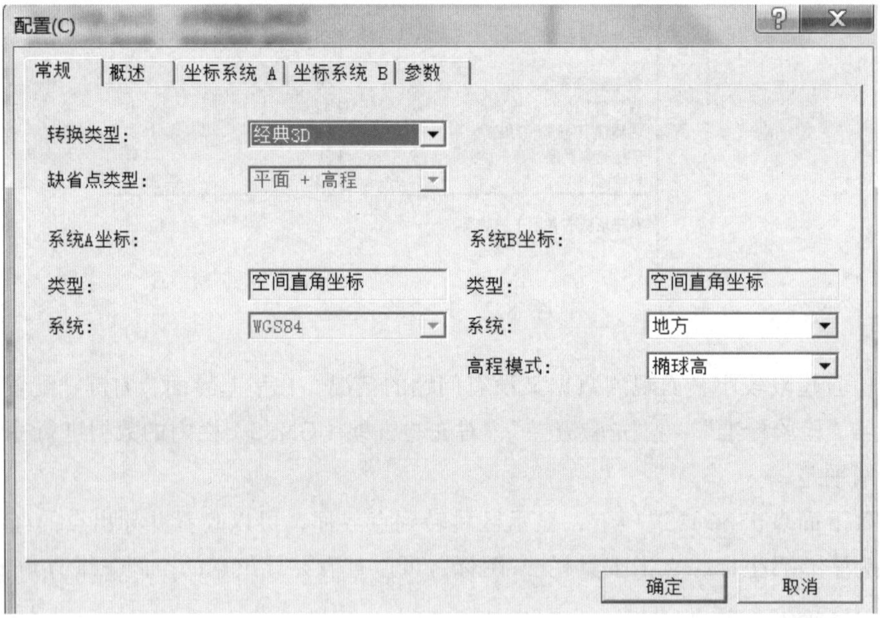

图 8.4 “配置”转换参数

4. 成果生成与输出

打开原始数据所在项目，点击屏幕下方的点图标，在弹出的界面中依次点击工具栏的和图标，即可得到所有点的地方坐标成果；右键单击空白处，选择另存为，即可将点成果输出保存。

【拓展阅读】 配置参数中涉及的转换类型

（1）经典 2D：该方法不计算高程转换参数，只计算将平面坐标（北坐标和东坐标）从一个格网系统转换到另一个格网系统的参数，该转换确定 4 个参数（2 个向东向北的平移参数，1 个旋转参数，一个比例因子）。

（2）经典 3D：是使用 GNSS 测量点（WGS84 椭球）的直角坐标，并将这些坐标与地方坐标的直角坐标相比较。通过这种方法，计算出用来将坐标从一个系统转换到另一个系统中的平移参数、旋转参数和比例因子，可确定最多 7 个转换参数（3 个平移参数，3 个旋转参数和 1 个比例因子）。

（3）一步法：这种方法是通过将高程与点位分开进行转换。在平面点位转换中，首先将 WGS84 地心坐标投影到临时的横轴墨卡托投影，然后通过平移、旋转和比例变换使之与计算的“真正的”投影相符合；高程转换则采用简单的一维高程拟合。这种方法能够在只有一个公共点的情况下计算地方坐标系统和 WGS84 系统之间的转换参数。

（4）两步法：这种方法对于高程和平面分开进行。对于平面转换 WGS84 坐标首先使用经典 3D 转换方法进行预转换以获得初步的地方空间直角坐标。使用特定的椭球和地图投影将坐标投影到初步的格网坐标系中。接着计算经典 2D 转换的两个平移参数、旋转参数和比例因子，将初步转换得到的坐标转换到“真正”的地方坐标系中。

（5）逐步法：这种方法平面点位和高程的转换是分开独立进行处理的。这种方法，建议已知至少 4 个点的格网坐标和 WGS84 坐标。仅使用 3 个公共点计算转换参数也可以，但使用 4 个公共点可进行残差计算。

设置完配置参数后，空白处右键选择自动匹配，匹配结束后，点击 结果 ，查看残差，如果残差合适，对结果进行存储。右键点击空白处选择“存储”即可。存储时需要给定新参数集名称，如图 8.5 所示。

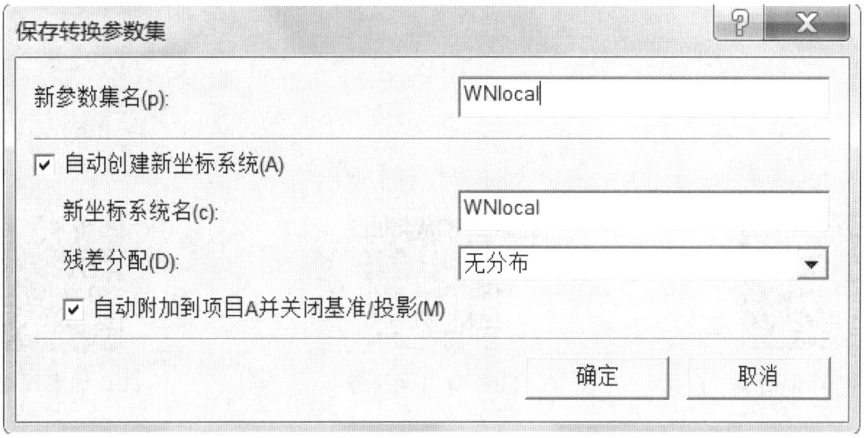

图 8.5　存储“基准/投影”转换结果

六、提交资料

（1）已知点坐标文件 1 份。
（2）网平差报告 1 份。
（3）点的坐标成果 1 份。
（4）实习报告 1 份。

七、思考题

1. 绘图并阐述 WGS84 坐标系的几何定义。

2. 如何实现 WGS84 坐标与国家坐标系坐标的转换？

TBC 环闭合差　　TBC 自由网平差　　TBC 约束网平差

实 习 报 告

日期__________班级__________ 组别__________ 姓名____________学号____________

<table>
<tr><td colspan="2">实习任务</td><td colspan="2"></td><td>成绩</td><td></td></tr>
<tr><td colspan="2">仪器及工具</td><td colspan="4"></td></tr>
<tr><td rowspan="9">网平差</td><td colspan="5">网平差结果</td></tr>
<tr><td>F 检验</td><td></td><td>F 检验临界值</td><td></td><td>接受　是（ ）否（ ）</td></tr>
<tr><td colspan="5">平差后点的经纬度坐标</td></tr>
<tr><td>点标识</td><td>纬度</td><td>经度</td><td>椭球高</td><td>平面 + 高程精度</td></tr>
<tr><td></td><td></td><td></td><td></td><td></td></tr>
<tr><td></td><td></td><td></td><td></td><td></td></tr>
<tr><td></td><td></td><td></td><td></td><td></td></tr>
<tr><td></td><td></td><td></td><td></td><td></td></tr>
<tr><td></td><td></td><td></td><td></td><td></td></tr>
<tr><td rowspan="12">坐标转换</td><td colspan="5">已知点准备</td></tr>
<tr><td>点标识</td><td>北坐标/m</td><td>东坐标/m</td><td>高程/m</td><td>备注</td></tr>
<tr><td></td><td></td><td></td><td></td><td></td></tr>
<tr><td></td><td></td><td></td><td></td><td></td></tr>
<tr><td></td><td></td><td></td><td></td><td></td></tr>
<tr><td colspan="5">转换后点的平面直角坐标</td></tr>
<tr><td>点标识</td><td>北坐标 x/m</td><td>东坐标 y/m</td><td>高程 H/m</td><td>平面 + 高程精度/m</td></tr>
<tr><td></td><td></td><td></td><td></td><td></td></tr>
<tr><td></td><td></td><td></td><td></td><td></td></tr>
<tr><td></td><td></td><td></td><td></td><td></td></tr>
<tr><td></td><td></td><td></td><td></td><td></td></tr>
<tr><td></td><td></td><td></td><td></td><td></td></tr>
<tr><td>实习小结</td><td colspan="5"></td></tr>
</table>

任务九　电台模式 GNSS-RTK 坐标测量

一、实习目的

（1）认识了解 GNSS-RTK 系统的基本组成，认识各部分的名称和功能。

（2）掌握基准站、移动站接收机的硬件连接的方法。

（3）掌握基准站和移动站的手簿设置内容和方法。

（4）掌握 GNSS-RTK 坐标测量方法。

二、实习内容

依据《全球定位系统实时动态测量（RTK）技术规范》（CH/T 2009—2010），完成以下两个任务：

（1）GNSS-RTK 电台模式的连接与设置。

（2）校园内指定点坐标采集。

三、实习场所及学时

场所：单项测量技能训练场。

学时：4 学时。

四、实习分组及仪器

全班分 12 组，借领 1 套基准站设备（含接收机、三脚架、电台、电瓶、天线、连接电缆、手簿），12 套移动站设备（含接收机、棒状差分小天线、碳纤对中杆、手簿）。

五、实习方法及步骤

1. 基准站的硬件连接与手簿设置

（1）安置基准站。将基准站 GNSS 接收机安置在开阔的地方，架设三脚架、安置基座和接收机，仪器对中整平，量取天线高，并记录；在距基准站接收机 3 ~ 4 m 的开阔地方架设三脚架，安置发射天线，用连接电缆正确连接电台、接收机、电瓶。检查连接无误后，打开电台，设置好通道和频率，电台正常工作时 TX 灯 1 s 闪 1 次，如图 9.1 所示。

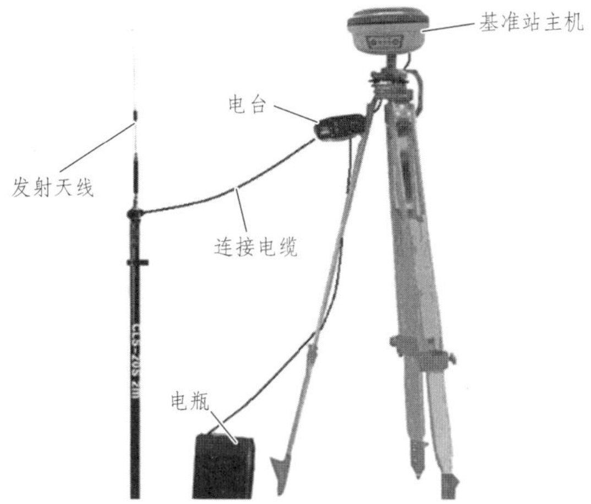

图 9.1　电台模式基准站构成

（2）接收机开机，设置为基准站电台模式。图 9.2 为南方灵锐系列接收机基准站电台模式指示灯状态，基准站自动进入发射状态，STA 以发射间隔均匀闪烁。

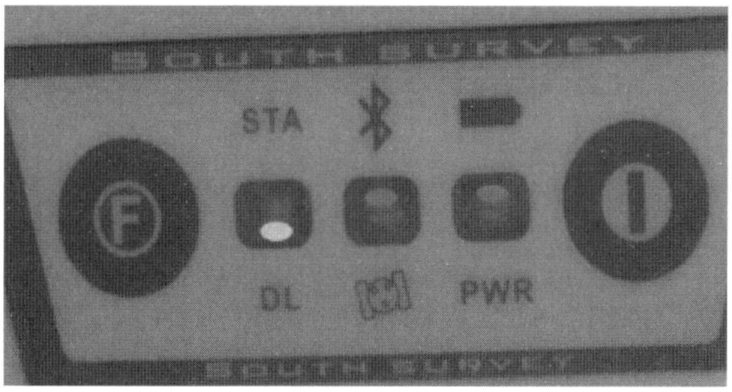

图 9.2　基准站电台模式面板指示灯

（3）蓝牙配置。从开始菜单的“设置”—“控制面板”中打开“蓝牙设备管理器”。在“设置”选项卡中开启蓝牙功能后，在“蓝牙设备”选项卡中点击“扫描设备”，搜索列表中将列出周围的蓝牙设备，如图 9.3 所示。双击设备节点，将搜索该设备提供的蓝牙服务，如图 9.4 所示。

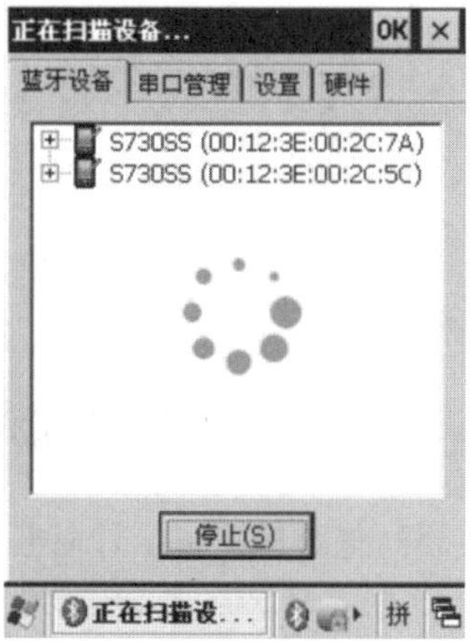

图 9.3　搜索蓝牙设备

图 9.4　搜索蓝牙服务

（3）手簿启动基准站。第一次启动基准站时，需要对启动参数进行设置，南方灵锐系列接收机使用手簿上的工程之星连接基准站，点击“配置”—“仪器设置”—“基准站设置”（主机必须是基准站模式），如图 9.5 所示。设置好基准站参数，然后保存参数，启动基准站。（第一次启动基站成功后，以后作业如果不改变配置可直接打开基准站主机即可自动启动。）

图 9.5　基准站设置界面

2. 移动站的硬件连接与手簿设置

（1）移动站架设。接收机安装电池，连接棒状差分小天线，然后安置在碳纤对中杆上，用托架将手簿固定在对中杆上，开机，如图 9.6 所示。图 9.7 所示为南方灵锐系列接收机移动站电台模式指示灯面板。

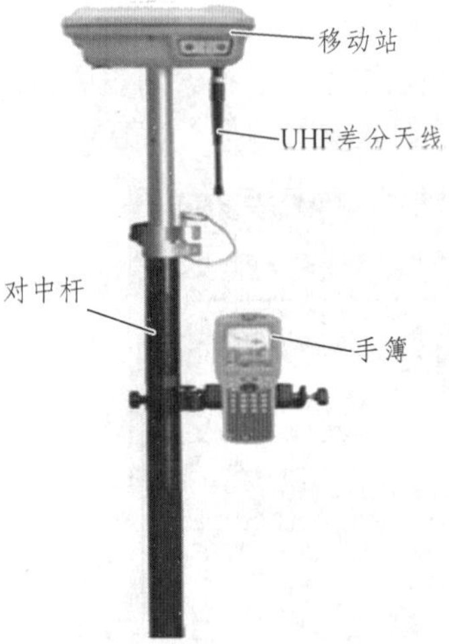

图 9.6　移动站构成

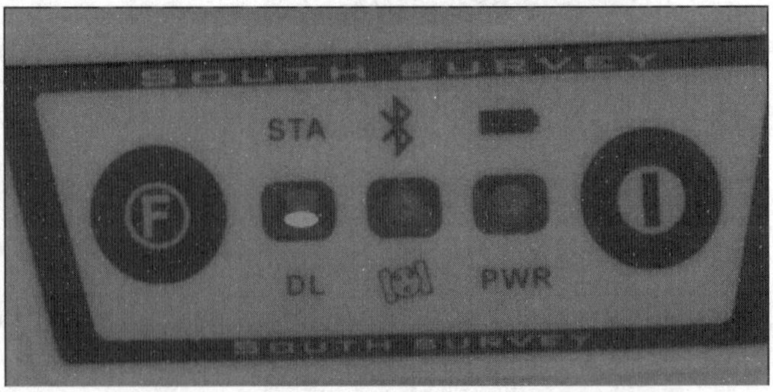

图 9.7　移动站电台模式指示灯面板

（2）移动站手簿设置。手簿通过蓝牙与移动站主机连接，点击“配置”—“仪器设置”—“移动站设置”将接收机设置为移动站电台模式，并设置基站 ID。

3. 新建工程（以南方测绘工程之星操作为例）

手簿启动工程之星软件，如图 9.8 所示。新建工程，输入工程名，选择合适的投影参数，输入正确的当地中央子午线经度。点击“配置”—“电台设置”，切换通道为电台通道号。收到差分信号后，状态会从单点解—差分解—浮点解—固定解，出现到固定解就可以工作了。

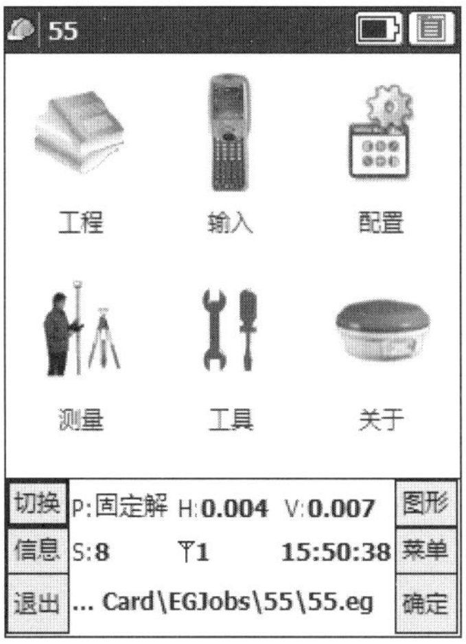

图 9.8　工程之星主界面

4. 求参校正、检核

根据提供的已知点，合理选择校正点。移动站分别移动安置在各个已知点，手簿进入碎部测量界面，采集它们的 WGS84 坐标。

GNSS 接收机直接测得的是 WGS84 椭球下的经纬度坐标，在实际工作中需要的是当地施工坐标，就需要通过相应的软件进行转换，需计算转换参数，主要有四参数、七参数、校正参数、高程拟合参数。实际应用中我们一般都使用四参数 + 校正参数的方式。

点校正是 RTK 测量中一项重要工作，每天测量工作开始之前都要进行点校正，如果工程文件中已经输入了转换参数，则每次工作之前找到一个控制点，输入已知坐标，进行单点校正，然后找到邻近的另一个控制点，测量其坐标，然后和已知坐标对比，即可验证。点校正时一定要精确对中整平仪器。碎部测量过程中如果出现基准站位置有变化等提示，通常都是基准站位置变化或电源断开等原因造成的，此时需要重新进行点校正。

5. 坐标测量

将移动站对中在指定待测点上，使气泡居中，当主界面屏幕底部显示固定解后就可以进行坐标测量了，点击“测量”—“点测量”，按“A”键，存储当前点坐标，输入天线高和点名，将采集的碎部点坐标记录在实习报告中。

GNSS-RTK 点测量

6. 文件导出

用数据线将手簿与电脑连通，在手簿主界面点击“工程”—“文件导入导出”—“文件导出”，在数据格式里面选择需要输出的格式，单击“测量文件”，选择需要转换的原始数据文件，然后将文件数据导出。

【拓展阅读】南方测绘灵锐系列 RTK 应用两个控制点计算转换参数的步骤

（1）获取两个点的 WGS84 坐标，直接用移动站在已知点上对中采集坐标。

（2）点击“输入”，选择“求转换参数”。点击“输入”—“增加”，按提示依次输入两个已知点及其平面坐标，并选择对应采集的 WGS84 坐标。所有的控制点都输入以后查看确定无误后，单击“保存”。

（3）应用四参数后可以直接进行施工测量工作。

六、提交资料

（1）点的坐标数据文件 1 份。

（2）实习报告 1 份。

七、思考题

1. 实时动态测量系统（RTK）的基本思想是什么？基本配置是什么？测量模式是什么？

2. GNSS-RTK 电台模式测量的注意事项有哪些？怎样才能尽可能提高 RTK 的测量精度？

3. 什么是固定解？什么是浮点解？

实 习 报 告

日期__________班级__________ 组别__________ 姓名____________学号____________

<table>
<tr><td colspan="2">实习任务</td><td colspan="2"></td><td>成绩</td><td></td></tr>
<tr><td colspan="2">仪器及工具</td><td colspan="4"></td></tr>
<tr><td rowspan="6">已知点</td><td>点名</td><td>北坐标 X/m</td><td>东坐标 Y/m</td><td>高程 H/m</td><td>所选校正点划“√”</td></tr>
<tr><td>A1</td><td>3821089.618</td><td>190681.750</td><td>354.592</td><td></td></tr>
<tr><td>A2</td><td>3821007.594</td><td>190859.774</td><td>356.446</td><td></td></tr>
<tr><td>A3</td><td>3821067.850</td><td>190975.871</td><td>354.779</td><td></td></tr>
<tr><td>A4</td><td>3821084.438</td><td>191102.234</td><td>355.525</td><td></td></tr>
<tr><td>备注</td><td colspan="4">西安 80 坐标系；中央子午线经度 108°</td></tr>
<tr><td rowspan="5">转换参数计算</td><td>点名</td><td>水平精度</td><td>垂直精度</td><td colspan="2">参数值</td></tr>
<tr><td></td><td></td><td></td><td>北平移</td><td></td></tr>
<tr><td></td><td></td><td></td><td>东平移</td><td></td></tr>
<tr><td></td><td></td><td></td><td>旋转角</td><td></td></tr>
<tr><td></td><td></td><td></td><td>比例尺</td><td></td></tr>
<tr><td rowspan="4">检核记录</td><td>点名</td><td rowspan="2">观测结果</td><td>北坐标 X/m</td><td>东坐标 Y/m</td><td>高程/m</td></tr>
<tr><td rowspan="3"></td><td></td><td></td><td></td></tr>
<tr><td rowspan="2">计算结果</td><td>坐标差 ΔX/m</td><td>坐标差 ΔY/m</td><td>高程差 ΔH/m</td></tr>
<tr><td></td><td></td><td></td></tr>
<tr><td rowspan="10">部分碎部点测量记录</td><td>点号</td><td>属性</td><td>北坐标/m</td><td>东坐标/m</td><td>高程/m</td></tr>
<tr><td></td><td></td><td></td><td></td><td></td></tr>
<tr><td></td><td></td><td></td><td></td><td></td></tr>
<tr><td></td><td></td><td></td><td></td><td></td></tr>
<tr><td></td><td></td><td></td><td></td><td></td></tr>
<tr><td></td><td></td><td></td><td></td><td></td></tr>
<tr><td></td><td></td><td></td><td></td><td></td></tr>
<tr><td></td><td></td><td></td><td></td><td></td></tr>
<tr><td colspan="2">测量流程</td><td colspan="3">碎部点草图</td></tr>
<tr><td colspan="2"></td><td colspan="3"></td></tr>
<tr><td>实习小结</td><td colspan="5"></td></tr>
</table>

任务十　网络模式 GNSS-RTK 的设置

一、实习目的

（1）掌握网络模式的 GNSS-RTK 基本硬件构成。
（2）掌握网络模式的 GNSS-RTK 软件设置方法。
（3）区别网络模式与电台模式的不同。

二、实习内容

依据《全球定位系统实时动态测量（RTK）技术规范》（CH/T 2009—2010），完成以下两个任务：
（1）GNSS-RTK 网络模式基准站的安置与设置。
（2）移动站的安置与设置。

三、实习场所及学时

场所：单项测量技能训练场。
学时：4 学时。

四、实习分组及仪器

全班分 12 组，借领 1 套基准站设备（含接收机、三脚架、手簿），12 套移动站设备（含接收机、碳纤对中杆、手簿）。

五、实习方法及步骤（以南方 S82GNSS 接收机为例）

1. 设置基准站及启动基准站

安置基准站。将基准站 GNSS 接收机安置在开阔的地方，架设三脚架、安置基座和接收机（接收机安装好手机卡），仪器对中整平。

对基准站进行网络配置。在工程之星软件主界面，点击“配置”—“网络设置”，进入到网络设置界面，点击界面左下方［增加］，进入网络配置初始化界面，如图 10.1 所示。在此修改网络配置参数，接入点填写基准站编号。

所有参数配置完毕后，点击［确定］，返回到网络设置界面（若配置有误，可点击“编辑”重新进行配置）。点击左下方［连接］，进入网络连接界面，如图 10.2 所示。基准站登录服务器成功，连接完成。可登录网络 http：//58.248.35.131：6080/或 http：//222.73.18.15：2010/在对应的 IP 网络界面中查看基准站是否登录成功（使用“在页面内搜索”功能搜索对应的基准站编号）。

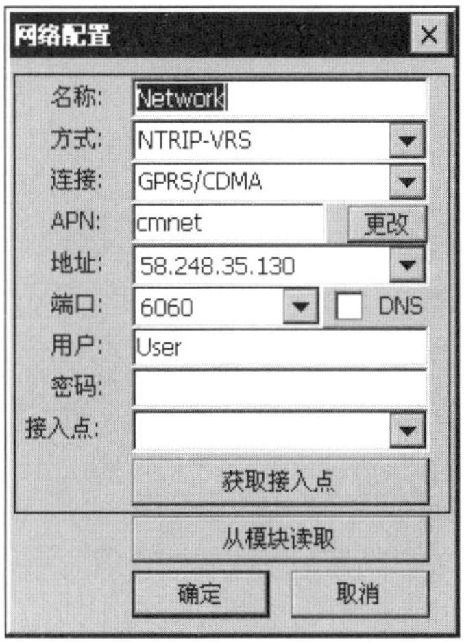

图 10.1　网络配置界面

图 10.2　网络连接界面

2. 设置移动站及启动移动站

移动站操作与基准站网络配置基本相同。连接方式改为 NTRIP-VRS，若存在多个移动站，必须使用不同的用户名密码。网络配置中接入点依然输入基准站编号，移动站登录服务器后需通过接入点完成对基准站的连接，获取差分信号。

【拓展阅读】 南方测绘灵锐系列单点校正

点校正的目的就是求 WGS84 坐标到当地平面直角坐标的转换参数。对于同一个工程，可能前一天没测完，第二天需要继续测的；或者是信号覆盖不到的，需要搬基准站后继续测量的，这种情况下，虽然基准站移动了位置，但是之前已经做好了点校正，这时需要单点校正。具体操作是，将移动站对中在一个已知点上，然后点击工程之星的“输入”菜单，点击“校正向导”，选择“基准站架设在未知点”，点击“下一步”后，如图 10.3 所示，输入移动站架设点的已知平面坐标，输入天线高并选择天线高形式，点击“校正”。

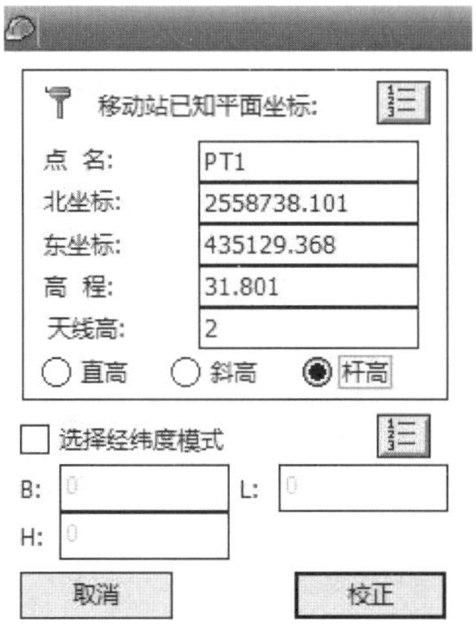

图 10.3　单点校正

六、提交资料

（1）点的坐标数据文件 1 份。
（2）实习报告 1 份。

七、思考题

1. 试述 RTK 网络模式与电台模式的区别。

2. 什么是 CORS？与网络模式相比，CORS 有哪些优点？

实 习 报 告

日期＿＿＿＿＿班级＿＿＿＿＿ 组别＿＿＿＿＿ 姓名＿＿＿＿＿＿学号＿＿＿＿＿＿

<table>
<tr><td colspan="2">实习任务</td><td colspan="2"></td><td>成　绩</td><td></td></tr>
<tr><td colspan="2">仪器及工具</td><td colspan="4"></td></tr>
<tr><td rowspan="7">基准站设置记录</td><td rowspan="3">位置选择</td><td colspan="4">若为未知点请划“√”，若为已知点请记录点位坐标</td></tr>
<tr><td>未知点</td><td colspan="3"></td></tr>
<tr><td>已知点</td><td>$X=$</td><td>$Y=$</td><td>$H=$</td></tr>
<tr><td rowspan="2">面板操作</td><td colspan="3" rowspan="2">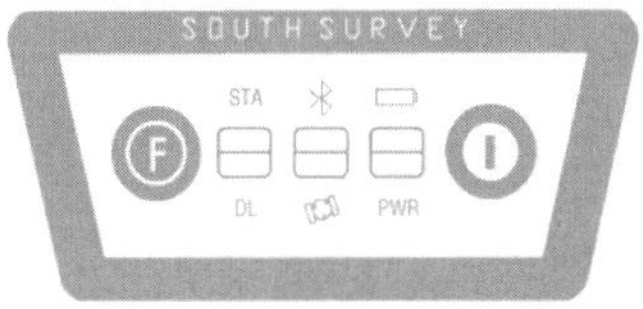
</td><td>备　注</td></tr>
<tr><td>请在图中标注网络模式基准站指示灯的设置状态</td></tr>
<tr><td rowspan="2">手簿操作</td><td colspan="4">请写出网络模式基准站手簿操作的流程</td></tr>
<tr><td colspan="4"></td></tr>
<tr><td rowspan="4">移动站设置记录</td><td rowspan="2">面板操作</td><td colspan="3" rowspan="2">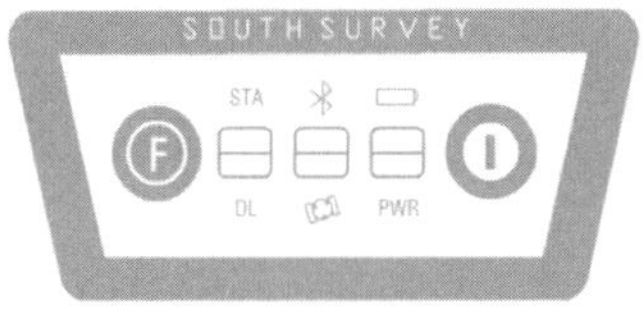
</td><td>备　注</td></tr>
<tr><td>请在图中标注网络模式移动站指示灯的设置状态</td></tr>
<tr><td rowspan="2">手簿操作</td><td colspan="4">请写出网络模式移动站手簿操作的流程</td></tr>
<tr><td colspan="4"></td></tr>
<tr><td>实习小结</td><td colspan="5"></td></tr>
</table>

任务十一　GNSS-RTK 点放样

一、实习目的

（1）掌握放样点坐标的键入方法。
（2）掌握点放样的步骤。

二、实习内容

全班安置好 1 台基准站，每组架设 1 个移动站，由指导教师给定 3 ~ 5 个已知地面点及若干待放样点，然后每组分别进行求转换参数，完成至少 10 个碎部点的放样工作。

三、实习场所及学时

场所：土木工程测量实训场。
学时：2 学时。

四、实习分组及仪器

全班分 12 组，借领 1 套基准站设备，12 套移动站设备。

五、实习方法及步骤

1. 安置并启动基准站

RTK 基准站的安置可以分为基准站架设在已知点和未知点两种情况，常用的方法是将基准站架设在一个地势较高、视野开阔的未知点上。具体步骤如下：

（1）架设三脚架，安装 GPS 接收机并对中整平。

（2）通过电台模式或网络模式设置并启动接收机。

基准站架设点必须满足以下要求：高度角在 15° 以上，开阔，无大型遮挡物；无电磁波干扰（200 m 内没有微波站、雷达站、手机信号站等，50 m 内无高压线）；位置比较高，用电台作业时，基准站到移动站之间最好无大型遮挡物，否则差分传播距离迅速缩短。

2. 启动移动站

将移动站 GPS 主机安置在对中杆上，打开 GPS 主机电源，调节好仪器工作模式（若为电台模式，频道与基准站频道一致）。手簿通过蓝牙连接移动站 GPS 主机，并进行移动站参数设置。基准站和流动站安置完毕之后，建立工程或文件，选择坐标系，输入中央子午线经度和 y 坐标加常数，待手簿出现固定解，可以开始作业。

3. 选择已知点，采集 WGS84 坐标

根据提供的已知点，合理选择校正点。移动站分别移动安置在各个已知点，手簿进入碎部测量界面，采集它们的 WGS84 坐标。

4. 点校正

手簿进入点校正（计算转换参数）的界面，按照步骤进行转换参数的计算，并保存计算结果。

点校正时的注意事项：

（1）已知点最好要分布在整个作业区域的边缘，能控制整个区域，并避免短边控制长边。

（2）避免已知点呈线形分布，这样会严重地影响测量的精度，特别是高程精度。

（3）如果用 3 个以上的点作点校正，检查一下水平残差和垂直残差的数值，看其是否小于 2 cm。

5. 检 验

在作业之前，需检核转换参数的正确和可用性方可进行下一步作业。上述步骤完成后，此时测量的坐标系统已是转换后的平面直角坐标系，因此可在已知控制点进行观测，按照测量点坐标的步骤，测得转换后坐标系下的坐标，并与输入的控制点当地坐标进行比较，X、Y 坐标差值在 0.03 m 范围以内可认为求解的参数正确。

6. 点放样

预先上传需要放样的坐标数据文件，或现场编辑放样数据。选择 RTK 手簿中的点位放样功能，现场输入或从预先上传的文件中选择待放样点的坐标，仪器会计算出 RTK 流动站当前位置和目标位置的坐标差值（ΔX、ΔY），并提示方向，按提示方向前进，即将达到目标点处时，屏幕会有一个圆圈出现，指示放样点和目标点的接近程度。

GNSS-RTK 点放样

精确移动流动站，使得 ΔX 和 ΔY 小于放样精度要求时，钉木桩，然后精确投测小钉。将棱镜立于桩顶上同时测距，仪器会显示出棱镜当前高度和目标高度的高差，将该高差用记号笔标注于木桩侧面，即为该点填挖高度。按同样方法放样其他各待定点。

【拓展阅读】 南方测绘灵锐系列 RTK 提供的四参数的计算方式

（1）利用“控制点坐标库”求解参数，人工输入两控制点的 GPS 经纬度坐标和已知坐标，从而解算四参数。

（2）利用“校正向导”求解参数，使用两点校正功能，在两个已知点上分别做校正，则软件会自动记录下求得的转换参数。

（3）直接导入参数文件“*.cot”，在南方静态 GPS 数据处理软件 GPSadj 中，将测区静态控制时得到的参数文件复制到手簿中相应的工程文件夹中。具体步骤为：“成果”—“网平差成果输出”—“工程之星 COT”。

（4）直接输入参数，在手簿中建完工程之后，直接将解算得到的四参数输入到工程之星软件的设置四参数菜单下。

六、提交资料

（1）点校正结果 1 份。
（2）实习报告 1 份。

七、思考题

1. 与全站仪点位放样相比，RTK 放样有哪些优势？又有哪些不足？

2. RTK 放样过程中如果出现基准站位置有变化等提示，应该怎么办？

实 习 报 告

日期__________班级__________ 组别__________ 姓名____________学号____________

<table>
<tr><td colspan="2">实习任务</td><td colspan="2"></td><td>成　绩</td><td></td></tr>
<tr><td colspan="2">仪器及工具</td><td colspan="4"></td></tr>
<tr><td rowspan="8">已知点</td><td>点名</td><td>北坐标 X/m</td><td>东坐标 Y/m</td><td>高程 H/m</td><td>所选校正点划“√”</td></tr>
<tr><td>A1</td><td>3821089.618</td><td>190681.750</td><td>354.592</td><td></td></tr>
<tr><td>A2</td><td>3821007.594</td><td>190859.774</td><td>356.446</td><td></td></tr>
<tr><td>A3</td><td>3821067.850</td><td>190975.871</td><td>354.779</td><td></td></tr>
<tr><td>A4</td><td>3821084.438</td><td>191102.234</td><td>355.525</td><td></td></tr>
<tr><td>A5</td><td>3820685.861</td><td>191101.959</td><td>357.210</td><td></td></tr>
<tr><td>A6</td><td>3820695.855</td><td>190696.289</td><td>356.313</td><td></td></tr>
<tr><td>备注</td><td colspan="4">西安 80 坐标系；中央子午线经度 108°</td></tr>
<tr><td rowspan="8">检核记录</td><td>点名</td><td rowspan="2">观测结果</td><td>北坐标 X/m</td><td>东坐标 Y/m</td><td>高程/m</td></tr>
<tr><td rowspan="3"></td><td></td><td></td><td></td></tr>
<tr><td rowspan="2">计算结果</td><td>坐标差 ΔX/m</td><td>坐标差 ΔY/m</td><td>高程差 ΔH/m</td></tr>
<tr><td></td><td></td><td></td></tr>
<tr><td>点名</td><td rowspan="2">观测结果</td><td>北坐标 X/m</td><td>东坐标 Y/m</td><td>高程/m</td></tr>
<tr><td rowspan="3"></td><td></td><td></td><td></td></tr>
<tr><td rowspan="2">计算结果</td><td>坐标差 ΔX/m</td><td>坐标差 ΔY/m</td><td>高程差 ΔH/m</td></tr>
<tr><td></td><td></td><td></td></tr>
<tr><td colspan="2">放样数据</td><td colspan="4">由指导教师提供</td></tr>
<tr><td rowspan="2">放样记录</td><td colspan="2">放样流程</td><td colspan="3">放样草图</td></tr>
<tr><td colspan="2"></td><td colspan="3"></td></tr>
<tr><td>实习小结</td><td colspan="5"></td></tr>
</table>

任务十二 GNSS-RTK 直线放样

一、实习目的

（1）了解 RTK 直线放样的基本原理。
（2）掌握直线放样的具体操作步骤。

二、实习内容

某直线线路中线的起点 P 的坐标为（3821025.618，190668.750），终点 Q 的坐标为（3821003.954，190848.477）。起点里程为 1 + 250，里程桩间距为 50 m，试完成该线路中线的放样。

三、实习场所及学时

场所：土木工程测量实训场。
学时：2 学时。

四、实习分组及仪器

全班分 12 组，借领 1 套基准站设备，12 套移动站设备。

五、实习方法及步骤

（1）安置并启动基准站（略）。
（2）启动移动站（略）。
（3）新建工程，采集已知点 WGS84 坐标（略）。
（4）点校正（略）。
（5）数据输入。以南方测绘工程之星软件为例，首先将直线起点 A 点坐标、终点 B 点坐标输入到软件坐标管理库中。

（6）直线放样。点击“测量”—“直线放样”，点击“目标”，弹出“直线放样库”界面。在该界面屏幕下方点击“增加”，弹出“增加直线”界面，输入直线名，然后依次添加直线起点 P 和终点 Q，并输入起点里程。

GNSS-RTK 线放样

添加好直线后，点击屏幕下方“确定”，进入直线放样界面，屏幕上方显示待放样直线图形以及当前仪器所在的位置，点击屏幕下方“选项”，设置整里程距离提示为“50 m”，然后点击“确定”。

按照图上信息指示，移动接收机，直至移动站移动到 X 坐标、Y 坐标的偏差满足精度要求的位置为止。

【拓展阅读】 铁路 GNSS-RTK 测量技术要求

铁路 GNSS-RTK 中桩测量应符合下列要求：

（1）中线、中平测量采用手扶对中杆并置平，中桩位置应按中线测量加桩要求进行中线测设。

（2）流动站在中桩上的测量时间应为 5 ~ 10 s。

（3）测设中桩过程中，当显示的实测坐标与理论坐标（设计坐标）的放样误差小于±10 cm 时，在杆位处打桩。

（4）在中桩上测量 5 ~ 10 s，储存观测数据。

（5）实时进行交点、中线控制桩的放样和测量，对所放样控制桩进行检核。

六、提交资料

实习报告 1 份。

七、思考题

1. 请描述直线放样的原理是什么？直线放样的功能一般可用于什么情况？

2. 如果使用的是其他品牌的接收机，请写出直线放样的操作步骤。

实 习 报 告

日期__________班级__________ 组别__________ 姓名____________学号____________

<table>
<tr><td colspan="2">实习任务</td><td colspan="2"></td><td colspan="2">成绩</td><td></td></tr>
<tr><td colspan="2">仪器及工具</td><td colspan="5"></td></tr>
<tr><td rowspan="8">已知点</td><td>点名</td><td colspan="2">北坐标 X/m</td><td>东坐标 Y/m</td><td>高程 H/m</td><td rowspan="7">校正点</td></tr>
<tr><td>A1</td><td colspan="2">3821089.618</td><td>190681.750</td><td>354.592</td></tr>
<tr><td>A2</td><td colspan="2">3821007.594</td><td>190859.774</td><td>356.446</td></tr>
<tr><td>A3</td><td colspan="2">3821067.850</td><td>190975.871</td><td>354.779</td></tr>
<tr><td>A4</td><td colspan="2">3821084.438</td><td>191102.234</td><td>355.525</td></tr>
<tr><td>A5</td><td colspan="2">3820685.861</td><td>191101.959</td><td>357.210</td></tr>
<tr><td>A6</td><td colspan="2">3820695.855</td><td>190696.289</td><td>356.313</td></tr>
<tr><td>备注</td><td colspan="5">西安 80 坐标系；中央子午线经度 108°</td></tr>
<tr><td rowspan="12">线放样记录</td><td colspan="6">逐桩放样记录表（记录定点时的偏差值）</td></tr>
<tr><td>直线名</td><td></td><td>方位角</td><td></td><td>距离/m</td><td></td></tr>
<tr><td>桩号（里程）</td><td>dx</td><td>dy</td><td>垂距</td><td colspan="2">放样草图</td></tr>
<tr><td></td><td></td><td></td><td></td><td colspan="2" rowspan="9"></td></tr>
<tr><td></td><td></td><td></td><td></td></tr>
<tr><td></td><td></td><td></td><td></td></tr>
<tr><td></td><td></td><td></td><td></td></tr>
<tr><td></td><td></td><td></td><td></td></tr>
<tr><td></td><td></td><td></td><td></td></tr>
<tr><td></td><td></td><td></td><td></td></tr>
<tr><td></td><td></td><td></td><td></td></tr>
<tr><td></td><td></td><td></td><td></td></tr>
<tr><td>实习小结</td><td colspan="6"></td></tr>
</table>

任务十三 GNSS-RTK 曲线放样

一、实习目的

（1）了解 RTK 曲线放样的基本原理。

（2）掌握曲线放样的具体操作步骤。

二、实习内容

如图 13.1 所示，某线路中线为曲线，已知 2 个转点和线路交点的坐标见表 13.1，请实地放样该曲线起点 QD（K2+460）至终点 ZD（K2+660）之间的主点和细部点（里程桩间隔 20 m）。线路可用于校正的控制点坐标见实习报告。

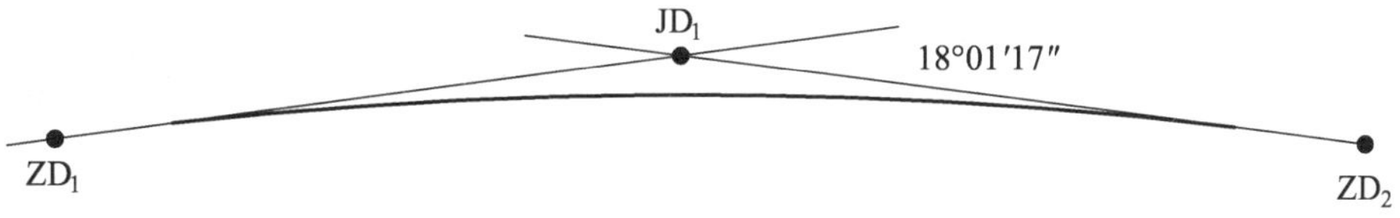

图 13.1 曲线示意图

表 13.1 曲线交点坐标表

桩点	X/m	Y/m	桩号	半径/m	缓和曲线长 l_0/m	偏角（右）	备注
QD			K2+460				
ZD_1	2524.089	3411.260					
JD_1	2556.006	3516.462	K2 + 560	320	50	18°01′17″	
ZD_2	2554.009	3616.442					
ZD			K2 + 660				

三、实习场所及学时

场所：土木工程测量实训场。

学时：2 学时。

四、实习分组及仪器

全班分 12 组，借领 1 套基准站设备，12 套移动站设备。

五、实习方法及步骤

GNSS-RTK 线路中边桩放样

（1）安置并启动基准站（略）。

（2）启动移动站（略）。

（3）新建工程，采集已知点 WGS84 坐标（略）。

（4）点校正（略）。

（5）数据输入。

以南方测绘工程之星软件为例，首先将圆曲线的参数：半径、偏角、交点里程、坐标以及中线桩间距输入到手簿中，即为软件的道路设计。按照本次实习的基本条件，采用交点模式进行道路设计。工程之星主界面点击“输入”—“道路设计”—“交点法”，进入“道路设计—交点法”输入界面，如图 13.2 所示。点击屏幕下方“新建”道路文件，给文件命名为*.ip。点击“增加”，如图 13.3 所示，输入第一个转点信息，包括转点点名、北坐标、东坐标，然后编辑交点信息，包括交点点名、北坐标、东坐标、曲线半径、缓和曲线长等，依次增加另一个转点信息。右上角设置起点里程桩号及里程间隔。点击“保存”，道路设计结束。

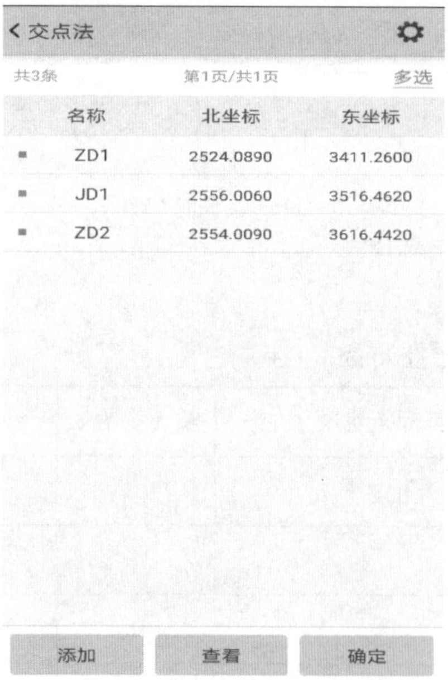

图 13.2 道路设计—交点法

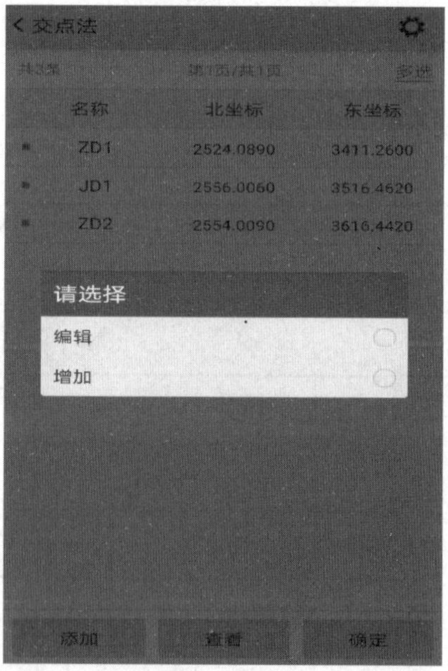

图 13.3 编辑交点

（6）查看曲线及逐桩坐标表。保存好交点信息后点击“查看”道路设计结果，有“图像显示”和“逐桩坐标”，如图 13.4 和 13.5。

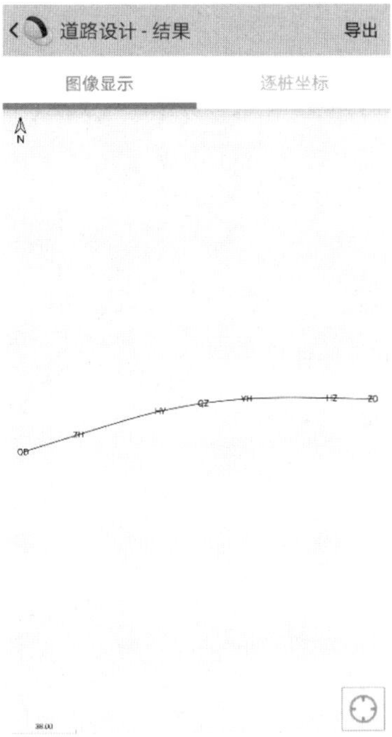

图 13.4　图像显示

道路设计 - 结果　导出

图像显示　逐桩坐标

名称	北坐标	东坐标
K2+460.000	2524.0890	3411.2600
K2+480.000	2529.8954	3430.3986
K2+494.146	2534.0023	3443.9355
K2+500.000	2535.6998	3449.5378
K2+520.000	2541.3357	3468.7269
K2+540.000	2546.3482	3488.0869
K2+544.146	2547.2641	3492.1306
K2+560.000	2550.2838	3507.6925
K2+569.471	2551.7188	3517.0543
K2+580.000	2552.9879	3527.5056
K2+594.797	2554.1891	3542.2523
K2+600.000	2554.4507	3547.4488
K2+620.000	2554.8288	3567.4437
K2+640.000	2554.5871	3587.4419

图 13.5　逐桩坐标表

（7）桩点放样。选择任意中桩右键可进行放样。依次选中每个中桩点，点击“点放样”，移动接收机，直至移动站移动到 X 坐标、Y 坐标的偏差满足精度要求的位置为止，标记该中桩点。按照这样的步骤可以完成所有点的放样。

【拓展阅读】 工程之星设计道路文件检查

编辑好道路文件之后，需要对线路文件进行检查，看是否有输错的地方，看图形可以进行粗略的检查，主要的检查在加桩里面结合逐桩坐标表进行。

点击“测量”—“道路放样”—“目标”—“打开线路文件”—“道路放样”，点击“加桩”，进入加桩计算和偏距对话框。

选择“加桩计算”，参照逐桩坐标表，选择所建立的道路文件里程之内的点，根据逐桩坐标表，选择所建道路上的不同段的桩号，分别输入里程，按“计算”就计算出加桩点的坐标。分别和逐桩坐标表上对应的桩号坐标进行对比，若相同表明输入正确，否则检查出错的地方，是否输错。

六、提交资料

实习报告 1 份。

七、思考题

1. 对于已设计好的道路，如果要放样 K2+500 处的横断面，如何进行操作？

2. 对比全站仪曲线放样，RTK 放样的优缺点分别是什么？

实 习 报 告

日期__________班级__________ 组别__________ 姓名____________学号____________

实习任务			成　绩		
仪器及工具					
已知点	点名	北坐标 X/m	东坐标 Y/m	高程 H/m	校正点
	D023	2505.824	3419.3731		
	D014	2503.898	3507.448		
	DBJ	2679.518	3514.656		
	备注	西安 80 坐标系；中央子午线经度 108°			

曲线放样记录	曲线逐桩放样记录表（记录定点时的偏差值）				
	桩号（里程）	dx	dy	距离	曲线草图
实习小结					

任务十四　GNSS 测量综合实训

说明：

一、GNSS 测量综合实训为“GNSS 测量技术与应用”课程学习之后安排的整周综合实训，目的在于进一步巩固强化学生的操作技能。

二、本教材按 2 周集中测量的实习学时安排 GNSS 测量教学综合实训，若计划实习时间少于两周，请酌情适当减少实习内容。

三、考虑各院校 GNSS 技术应用专业存在差异，项目也是可繁可简，综合实训中 RTK 施工放样内容的放样图纸和数据不在教材中体现，教师可根据本实训开设专业以及开设时间自己准备放样内容。例如，铁路类院校可以准备线路放样图纸或墩台放样图纸；建筑类院校可以准备房建施工图纸。

GNSS 测量综合实训任务书

一、实训目的

GNSS 测量综合实训是工程测量技术专业学生一项重要的综合实践课程。学生通过实训，掌握利用 GNSS 技术进行控制测量、碎部测量和施工放样的方法，加深学生对所学课程知识的理解。

（1）进一步巩固“GNSS 测量技术与应用”课程教学内容。

（2）熟练掌握 GNSS 仪器设备、数据处理软件、观测手簿的使用和操作方法，学会使用 GNSS 仪器进行控制测量、碎部测量、施工放样的基本方法，培养学生的实际动手能力。

（3）培养学生 GNSS 数据处理能力。

（4）培养学生的组织能力、独立分析问题和解决问题的能力。

（5）通过计划与组织，锻炼同学们的项目计划和实施能力。

（6）培养学生的团队协作、吃苦耐劳精神，养成严格按照测量规范进行测量作业的工作作风。

二、实训内容

整周实训一般是两个教学班平行开设，每班分为 10 组，共 20 组，提供 20 GNSS GPS 接收机，由两个班共同完成校园周边 GNSS 控制网的布设。

1. GNSS 控制测量

（1）准备工作。实训动员，借领仪器。

（2）GNSS 控制网的布设。收集、查阅资料、测区踏勘，技术设计、实地选点埋石。根据已有的坐标点作为已知点，设计 GNSS 控制网。

（3）制订观测计划。根据星历预报表、参加作业的接收机台数、点位交通情况、GNSS 网形设计等因素，进行观测计划设计。

（4）静态数据采集。按照规范要求，按时段进行同步观测、采集数据，完成外业记录手簿。

（5）数据处理。下载静态数据文件，进行格式转换。利用数据处理软件，进行解算基线、网平差、坐标转换，最后导出控制点成果表。

2. RTK 数字测图

选择电台模式或网络模式安置基准站和移动站，根据任务书提供的已知点进行点校正，检验合格后开始碎部测量，同时绘制草图，成果检核后将 RTK 数据传输至相应路径，将数据导入至 CASS 成图软件，根据所画草图绘制地形图。

GNSS-RTK 数字测图

3. RTK 施工放样

由指导教师提供待放样建筑物施工平面图及坐标表，每组根据要求完成对应建筑物特征点放样并检核。

GNSS-RTK 施工放样

三、实训地点

外业：控制测量实训场、土木工程测量实训场。
内业：数据处理与软件应用中心。

四、组织方式

实习组织工作由任课教师全面负责，每班分成 6 个实习大组，每组 6 ~ 7 人，设大组长 1 人，组长负责组内的实习分工和仪器管理。

五、实训要求

（1）个人应提交实训报告，要求字迹清晰、书写工整、项目齐全。

（2）严格遵守实训作业时间，按时到达各实习场地。严禁旷课、迟到、早退。有事、有病向老师请假，指导教师每半天考勤 1 次。

（3）严禁在实习场地上相互打闹、相互追逐、高声喊叫、影响他人正常实习。应抓紧时间，积极参与实习。

（4）注意人身和仪器的安全。

六、教学进度与内容安排

实训时间为 2 周。具体安排如表 14.1 所示。

表 14.1 教学进度安排表

序号	实训内容		时间分配/天	
1	实训动员	动员，借领仪器，发放资料	0.5	0.5
2	GNSS 控制测量	踏勘、选点	0.5	3.5
		外业观测计划、数据采集	1.5	
		数据处理	1.5	
3	RTK 数字测图	仪器安置、点校正	0.5	3.0
		碎部点坐标采集	1.5	
		地形图绘制	1.0	
4	RTK 施工放样	施工图识读、放样数据文件上传	0.5	2.0
		点校正	0.5	
		实地放样、成果检核	1.0	
5	提交资料	归还仪器、提交成果资料	1.0	1.0
合计			10	

七、成绩评定方式

（1）指导教师应按照表 14.2 的标准，评定每个学生的综合实训成绩。

表 14.2　综合实训成绩评定标准

项　目	平时表现	任务完成情况	实操考核	合　计
比例/%	30	40	30	100

具体评分标准如下：

① 平时表现。

平时表现主要依据出勤情况、纪律情况、承担任务情况、爱护仪器情况等。

② 任务完成情况。

按时按量完成实训任务并上交全部成果资料的组得基础分 20 分，再根据控制点平面坐标、高程的准确性，碎部测量资料的规范性，图面质量的美观性，以及施工放样的可靠性等方面给质量分最多 20 分。

③ 实操考核。

主要考核软件应用与数据处理、RTK 测点两项内容，由指导教师根据用时与质量评分。

（2）有下列情况之一者，综合实训成绩按不及格记：

① 实训期间，病、事假时间超过全部实习实训时间的 1/4 以上者。

② 严重违犯实习实训纪律造成严重后果者。

③ 无故不参加实操考核者。

④ 提交成果严重缺失、伪造、抄袭者。

⑤ 严重损坏仪器设备且态度恶劣者。

八、应上交的资料

1. 实习小组应上交资料

（1）控制网选点图。

（2）GNSS 静态外业观测的原始数据文件。

（3）RTK 数字测图的碎部点坐标文件。

（4）1∶500 地形图。

2. 个人应上交资料

实训结束时，每人应上交 1 份《GNSS 测量综合实训报告》，打印并装订成册。

实训报告的编写及装订顺序如下：

（1）封面。包含实习名称、时间、班级、姓名及指导教师姓名（格式要求统一，可参考附录 1）。

（2）成绩评定表。（参考附录）

（3）目录。

（4）GNSS 静态控制测量总结。包括：

第一部分　概述

① 测区概况
② 作业依据
③ 实际作业安排情况
第二部分　平面坐标系统、起算数据及资料应用情况
第三部分　作业方法、质量和有关技术数据
① 仪器设备及软件应用情况
② 作业方法
③ GNSS 控制点成果表
（5）RTK 测量总结。包括：
第一部分　RTK 数字测图总结
第二部分　RTK 施工放样总结
（6）实训体会与收获。

GNSS 测量综合实训指导书

一、实训前的准备工作

（1）实训动员：充分认识实训的任务和目的。

（2）使用的仪器、设备及工具：GNSS 接收机若干套、作业调度表、外业观测手簿、小钢尺、铅笔，数据传输线若干，便携式存储器。

（3）搜集资料：① 测区及其附近已有的控制测量成果和地形图资料；② 收集有关 GNSS 测量的技术规范。

二、GNSS 控制网的布设

1. 作业依据

（1）《全球定位系统（GPS）测量规范》（GB/T 18314—2009）。

（2）《卫星定位城市测量技术标准》（CJJ/T 73—2019）。

2. GNSS 网图形设计

按《全球定位系统（GPS）测量规范》（GB/T 18314—2009），本次实训按边连式布设 GNSS 控制网，等级为 E 级。

3. GNSS 网的密度设计

点位密度应符合规范要求，如表 14.3 所示。

表 14.3　《全球定位系统（GPS）测量规范》规定的 GNSS 测量精度分级

测量分类	固定误差 *a*/mm	比例误差系数 *b*	相邻点间平均距离/km
A	≤5	≤0.1	300
B	≤8	≤1	70
C	≤10	≤5	10 ~ 15
D	≤10	≤10	5 ~ 10
E	≤10	≤20	2 ~ 5

4. 选点、埋石

选点时要注意：

（1）点位的基础应坚实稳定，易于长期保存，并应有利于安全作业。

（2）周围应便于安置接收机，视野开阔，被测卫星的高度截止角应大于 15°。

（3）点位应远离大功率无线电发射源（如电视台、微波站等），其距离不小于 200 m 并应远离高压输电线，其距离不得小于 50 m。

（4）附近不应有强烈干扰接收卫星信号的物体。

（5）充分利用符合要求的旧有控制点及其标石和觇标。

鉴于所选待定点是临时性使用，可埋设简易标志即可，如木桩、水泥钉。选点埋石后应提交 GNSS 网的选点网图。

三、星历预报

通过上网下载或历书文件，利用数据处理软件加载该历书文件，从而获取预报结果。

四、制定观测计划

根据星历预报结果，选定最佳观测时段，编排作业调度表，填写并下达作业调度命令。GNSS 测量作业调度表的编写格式如表 14.4 所示。

表 14.4　GNSS 测量作业调度表

时段编号	观测时间	测站号/名	测站号/名	测站号/名	测站号/名	测站号/名
		机号	机号	机号	机号	机号
		负责人	负责人	负责人	负责人	负责人
0						
1						

五、静态外业观测

（1）各级测量作业基本技术要求如表 14.5 所示。

表 14.5 《全球定位系统（GPS）测量规范》中 B、C、D、E 级 GNSS 观测的基本技术规定

项　目	级　别			
	B	C	D	E
卫星高度截止角/（°）	10	15	15	15
同时观测有效卫星数	≥4	≥4	≥4	≥4
有效观测卫星总数	≥20	≥6	≥4	≥4
观测时段数	≥3	≥2	≥1.6	≥1.6
时段长度	≥23 h	≥4 h	≥60 min	≥40 min
采样间隔/s	30	10～30	5～15	5～15
单频/双频	双频/全波长	双频/全波长	双频或单频	
观测量至少有	L1、L2 载波相位	L1、L2 载波相位	L1 载波相位	
同步观测接收机数	≥4	≥3	≥3	

（2）在外业观测过程中，所有信息资料和观测数据都要妥善记录。观测记录由接收设备自动完成。

（3）在接收机启动前与作业过程中要填写测量手簿时，由测量员填写，D、E 级测量手簿格式如表 14.6 所示。

（4）观测组必须严格遵守调度命令，按规定时间同步观测同一组卫星。当没按计划到达点位时，应及时通知其他各组，并经观测计划编制者同意对时段做必要调整，观测组不得擅自更改观测计划。

（5）一个时段观测过程中严禁关闭接收机重新启动、改变天线位置。

表 14.6　GNSS 外业观测手簿

<table>
<tr><td colspan="2">观测者姓名________ 日　期______年______月______日
测　站　名________ 测站号______时段号________
天 气 状 况________</td></tr>
<tr><td>测站近似坐标

经度：E______° ______′
纬度：N______° ______′
高程：__________</td><td>本测站为
__________新点
__________等大地点
__________等水准点</td></tr>
<tr><td colspan="2">记录时间：（ ）北京时间（ ）UTC（ ）区时
开机时间：______　结束时间______</td></tr>
<tr><td colspan="2">接收机号______　天线号______
天线高：（m）________　测后校核值______
1. ________ 2. ________3. ________平均值________</td></tr>
<tr><td>天线高量取方式略图</td><td>测站略图及障碍物情况</td></tr>
<tr><td colspan="2">观测状况记录
电池电压________
接收卫星号________
信噪比________
故障情况________</td></tr>
<tr><td colspan="2">5. 备注</td></tr>
</table>

六、静态数据处理

1. 数据传输与存储

及时将当天观测记录结果录入计算机，数据文件备份时，宜以观测日期为目录名，各接收机为子目录名，把相应的数据文件存入其子目录下。

2. 基线解算

各独立环的坐标分量闭合差应符合下式的规定：

$$w_x \leqslant 2\sqrt{n}\sigma$$
$$w_y \leqslant 2\sqrt{n}\sigma$$
$$w_z \leqslant 2\sqrt{n}\sigma$$
$$w \leqslant 2\sqrt{3n}\sigma$$

式中 w——环闭合差，$w=\sqrt{w_x^2+w_y^2+w_z^2}$；

n——独立环中的边数；

σ——GNSS 网的精度指标，即 $\sigma=\sqrt{a^2+(b\cdot d\cdot 10^{-6})^2}$。

对于重复基线边的任意两个时段的成果互差，均应小于接收机标称精度的 $2\sqrt{2}$ 倍。

3. 网平差

（1）无约束平差中，基线向量的改正数（$V_{\Delta x}$、$V_{\Delta y}$、$V_{\Delta z}$）绝对值应满足下式要求：

$$V_{\Delta x} \leqslant 3\sigma$$
$$V_{\Delta y} \leqslant 3\sigma$$
$$V_{\Delta z} \leqslant 3\sigma$$

当超限时，可认为该基线或其附近存在粗差基线，应采用软件提供的方法或人工方法剔除粗差基线，直至符合上式要求。

（2）约束平差中，基线向量的改正数与剔除粗差后的无约束平差结果的同名基线相应改正数的较差（$\mathrm{d}V_{\Delta x}$、$\mathrm{d}V_{\Delta y}$、$\mathrm{d}V_{\Delta z}$）应符合下式要求：

$$\mathrm{d}V_{\Delta x} \leqslant 2\sigma$$
$$\mathrm{d}V_{\Delta y} \leqslant 2\sigma$$
$$\mathrm{d}V_{\Delta z} \leqslant 2\sigma$$

当超限时，可认为作为约束的已知坐标与 GNSS 网不兼容，应采用软件提供的或人为的方法剔除某些误差较大的约束值，直至符合上式要求。

4. 成果输出

数据处理完成后，应输出以下资料：

（1）各测站坐标表。

（2）基线质量检验与分析结果。

（3）平差报告。

七、RTK 数字测图

1. 作业依据

（1）《卫星定位城市测量技术标准》（CJJ/T 73—2019）。

（2）《1∶500、1∶1 000、1∶2 000 地形图图式》。

2. 主要任务

根据指导老师要求，完成校园及周边指定区域 1∶500 地形图测绘。

3. 数据采集方法及要求

碎部点坐标测量采用 RTK 点测量进行，按照 1∶500 地形图测绘标准进行测量。应在采集数据的现场，实时绘制草图。每天工作结束后应及时对采集的数据进行下载并检查。若草图绘制有错误，应按照实地情况修改草图。错漏数据要及时补测，超限的数据应重测。数据文件应及时存盘并备份。

4. 测量内容及取舍

测量控制点是测绘地形图的主要依据，在图上应精确表示。

房屋的轮廓应以墙基外角为准，并按建筑材料和性质分类，注记层数。房屋应逐个表示，临时性房屋可舍去。校园内道路应将车行道、人行道按实际位置测绘。其他道路按内部道路绘出。

其他地物参照“规范”和“图式”合理取舍。

5. 软件成图

应用南方 CASS 软件绘制地形图。

八、RTK 施工放样

1. 作业依据

（1）《卫星定位城市测量技术标准》（CJJ/T 73—2019）。

（2）《工程测量标准》（GB 50026—2020）

2. 主要任务

根据指导老师要求及提供的施工图，以土木工程测量实训场空地为放样区域，使用 RTK 完成建筑物轴线放样或者线路中边桩放样等任务。

3. 具体步骤

（1）新建工程。

（2）已知数据输入。

（3）点校正。

（4）点放样或线路放样。

附录 1　GNSS 测量综合实训成绩评定表

成绩评定

考核点	项　目	得　分
平时表现 30 分	• 出勤情况 • 纪律情况 • 承担任务情况 • 爱护仪器情况	
任务完成情况 40 分	• 按时按量完成实训任务并上交全部成果资料 • 控制点平面坐标、高程的准确性 • 图面质量的美观性 • 碎部测量、施工放样资料的规范性 • 实训报告完备程度 • 实训报告美观程度	
实操考核 30 分	• 软件应用与数据处理考核 • RTK 测点考核	
总评成绩 100 分	总评成绩 100% = 平时成绩 × 30% + 任务完成情况 × 40% + 实操考核 × 30%	

附录 2　《GNSS 测量技术与应用实训》相关规范及仪器说明书

《GNSS 测量技术与应用实训》相关规范

《GNSS 测量技术与应用实训》仪器说明书